全国建设行业职业教育任务引领型规划教材

建筑装饰施工

刘合森　主　编

李海宁　张　强　副主编

李　建　主　审

U0291651

中国建筑工业出版社

图书在版编目（CIP）数据

建筑装饰施工/刘合森主编. —北京：中国建筑工业
出版社，2018.9
全国建设行业职业教育任务引领型规划教材
ISBN 978-7-112-22644-3

Ⅰ. ①建… Ⅱ. ①刘… Ⅲ. ①建筑装饰-工程施
工-职业教育-教材　Ⅳ. ①TU767

中国版本图书馆 CIP 数据核字（2018）第 204337 号

　　本教材根据职业院校学生学习特点，采用"项目-任务"体例编写，通过一个
个具体的教学项目和任务，引导学生完成相关知识的学习。本教材包含 6 个项目：
建筑装饰施工基本知识、墙体装饰工程、顶棚装饰工程、楼地面装饰工程、轻质
隔墙装饰工程和门窗装饰工程。部分项目后还配有相关实训内容，以便学生通过
教师指导下的实训，更好地掌握所学知识。

　　本教材可作为中职工程造价、建筑装饰及相关专业师生的课程教材，也可作
为相关从业人员的培训和参考用书。

　　为更好地支持本课程教学，我们向使用本教材的教师免费提供教学课件，有
需要者请发送邮件至 cabpkejian@126.com 免费索取。

责任编辑：张　晶　吴越恺
责任校对：焦　乐

全国建设行业职业教育任务引领型规划教材
建筑装饰施工
刘合森　主　编
李海宁　张　强　副主编
李　建　主　审

*

中国建筑工业出版社出版、发行（北京海淀三里河路 9 号）
各地新华书店、建筑书店经销
霸州市顺浩图文科技发展有限公司制版
天津安泰印刷有限公司印刷

*

开本：787×1092 毫米　1/16　印张：11¾　字数：254 千字
2018 年 9 月第一版　　2018 年 9 月第一次印刷
定价：**27.00** 元（赠课件）
ISBN 978-7-112-22644-3
（32778）

前　言

本书根据山东省教育厅制定的《山东省中等职业学校工程造价专业教学指导方案（试行）》，并结合我国工程造价专业和建筑装饰专业领域技能型紧缺人才需求的实际情况，借鉴国内外先进的职业教育理念、模式和方法，并参照相关的国家职业标准和行业的职业技能鉴定规范及中级技术工人等级考核标准，采用基于工作过程的项目式教学的编写体例，对建筑装饰施工的教学内容和教学方法进行了大胆改革。

本书是由从事多年中等职业教学工作的一线骨干教师和学科带头人通过企业调研，对建筑装饰工程施工岗位群职业能力进行分析，研究总结建筑装饰工程施工人才培养方案，并在企业、行业专家参与下编写而成。

本书坚持"以服务为宗旨，以就业为导向"的办学思想，突出了职业技能教育的特色。本书的主要特点如下：

1. 在编写理念上，根据中职学生的培养目标及认知特点，打破了传统的"理论—实践—再理论"的认知规律，代之以"实践—理论—再实践"的新认知规律，突出"做中学，学中做"的新教育理念。

2. 在编写体例上，打破了原有的"以学科为中心"的课程体系，建立以工作过程为导向、以工作任务为引领的课程体系，力求培养学生的职业素养和职业能力，并把培养学生的职业能力放在突出位置。

3. 在编写内容的安排上，以企业产品为基本依据，以项目为载体，从易到难，循序渐进。

4. 在教学思想上，坚持理论与实践、知识学习与技能训练一体化，贯彻"做中学，学中做"的职教理念，强调实践与理论的有机统一，技能上力求满足企业用工需要，理论上做到适度、够用。

5. 在教学评价上，坚持过程评价和成果评价相结合，即对学生在学习每个项目过程中的表现和最后的实训成果进行评价，评价要求明确、直观、实用，可操作性强，可以很好地调动学生的学习积极性。

本书基于对常见建筑装饰施工工作过程的分析，建立了工作过程系统化的课程体系。全书分为 6 个项目，每个项目都由相关任务组成，以完成项目的工作步骤为主线，便于调动学生自主学习和实践的积极性。

青岛市房地产职业中等专业学校刘合森为本教材主编，青岛市房地产职业中等专业学校李海宁、青岛市房地产职业中等专业学校张强为本教材副主编。本教材编写团队的专家、教师还有：山东城市建设职业学院张福栋；德才装饰股份有限公司总工程师张勇；青建集团股份公司高级工程师肖杰；青岛市房地产职业中等专业学校鲁法国；青岛市房地产职业中等专业学校刘铭。刘合森负责本教材全书统稿。青建集团股份公司高级工程师李建为本教材主审，对本教材内容提出了很多中肯的建议，在此表示感谢！

鉴于编者水平有限，教材中不妥之处在所难免，恳请各位同仁、读者提出宝贵建议，以便使教材在修订时更加完善，在此致谢！

编者

2018 年 7 月

目　　录

建筑装饰施工基本知识

1. 建筑装饰施工

（1）建筑装饰施工的定义

以建筑装饰装修设计方案图、施工图规定的设计要求和预先确定的验收标准为依据，以科学工作者的流程和正确的技术工艺，实施装饰装修各项工程内容的工程活动就是装饰施工。

（2）建筑装饰施工的内容

建筑装饰装修施工的内容有施工技术、施工组织与管理两部分主要内容。本课程着重探讨建筑装饰装修的施工技术方面的内容，重点是施工流程和施工工艺，就是如何把建筑装饰装修设计变成现实的技术问题。建筑装饰装修施工内容见表 1-1。

建筑装饰装修施工内容表　　　　　　　　　表 1-1

序号	施工内容	说　明
1	施工流程	应该先做什么，后做什么。上一步需要做到什么程度才能接着做下一步等，即建筑装饰装修工程实施的科学程序
2	施工工艺	如何施工才会有好的效果，施工的技术要点是什么，施工需要注意什么问题，怎样施工才能通过法定的质量检验等，即装饰装修工程实施的科学方法
3	施工部位	凡是建筑装饰装修构造设计涉及的各个部位都要进行施工，如顶棚、墙面、柱子、楼面、地面、门窗、木制品，还包括智能工程、消防工程等
4	施工类别	水泥类、石膏类、陶瓷类、石材类、玻璃类、塑料类、裱糊类、涂料类、木材类、金属类、设备类、管线类等
5	施工方法	抹、刷、涂、喷、滚、弹、铺、贴、裱、挂、钉、焊、裁、切等
6	施工工种	木工、镶贴工（泥工）、水电工、漆工、玻璃工、金属工、美工、杂工、设备安装工等

（3）建筑装饰工程施工的要求

建筑装饰工程施工已成为一门独立的新兴学科和行业，其技术的发展与建材、轻工、化工、机械、电子、冶金、纺织及建筑设计、施工、应用和科研等众多的领域密切相关。随着建筑装饰装修工程规模和复杂程度的不断扩大和加深，对建筑装饰装修工程施工的要求也越来越高。总体来说，建筑装饰装修工程施工的有要求有以下几条。

1）规范性

由于建筑装饰装修工程大多是以饰面为最终效果，所以许多处于隐蔽部位而对于工程质量起着关键作用的项目和操作工序很容易被忽略，或是其质量弊病很容易被表面的美化修饰所掩盖，如不规范操作容易造成质量隐患和安全隐患。因此在进行大量的预埋件、连接件、锚固件、骨架杆件、焊接件、饰面板下的基面或基层处理，防火、防腐、防潮、防水、防虫、绝缘、隔声等功能性与安全性的构造和处理等，包括钉件质量、规格，螺栓及各种连接紧固件的设置、数量及进入深度等，绝对不能偷工减料、草率作业。必须严格按照各项工种和工艺的操作及相关验收标准进行规范化施工。而且，从业人员应该是经过专业技术培训和接受过一定的职业教育的持证上岗人员，对每一位工程的建设者来说，都必须规范自己的建设行为，严格按照法律、法规及规范、标准实施工程建设，切实保障建筑装饰装修工程施工的质量和安全。

2）专业性

建筑装饰工程的施工，不仅关系到美学效果，而且还涉及强电弱电、给水排水、空调电梯、设备安装等专项技术设计；涉及许多工程的互相配合；涉及质量控制和验收标准；涉及空气及环境质量；涉及建筑物的长期使用及使用安全等重大问题。所有涉及的工程和技术都有各自独特的专业要求，需要经过认证的专业技术人员的专业操作。各项施工技术与工艺等都有严格的技术标准和检验规范。因此，在建筑装饰装修工程施工中要严格遵循国家制定的一系列规范与标准，由专门的技术人员来执行专门的工种和技术，不能随心所欲，随意为之。

3）复杂性

建筑装饰装修工程的施工工序繁多，工种也十分复杂，如水、电、暖、卫、木、玻璃、油漆、金属、幕墙等。对于较大规模的工程，还要加上消防系统、音响系统、保安系统、通信系统等。一个普通的工程通常有多道工序。这些工种和工序还经常需要交叉或轮流作业。因此经常会出现施工现场拥挤混乱的复杂局面，严重影响施工质量、进度和效率。为此，必须依靠具备专门知识和经验的施工组织管理人员，并以施工组织设计为指导，实行科学管理，使各工序和各工种之间有序衔接，人工、材料和施工机具科学调度，并严格执行各工种的施工操作规程、质量检验标准和施工验收规范。

4）安全性

建筑装饰装修工程施工是一个高危的行业。施工过程中涉及的安全问题多种多样。主要的危险来自结构坍塌、高空坠落、设备操作失误、触电、火灾、其他违规操作及不可抗因素等。建筑装饰装修工程施工人员从领导到具体操作的工人必须有强烈的安全意识，严格执行安全规程和各项规章制度，要随时警惕和密切防范发生安全事故。

5）经济性

随着科学技术和社会经济的不断发展，新材料、新技术、新工艺和新设备的不断涌现，人们对建筑的要求越来越高，随之而来，建筑装饰装修工程造价也快速攀升。建筑装饰装修工程施工费用是整个建筑造价的重要组成部分。因此，必须科学地做好建筑装饰装修工程的预算和估价工作，认真研究工程材料、设备及施工技术和施工工艺的经济性、安全性、操作简易性和建筑装饰装修工程质量的耐久性等因素，严格控制工程施工的成本，加强施工企业的经济管理和经济活动的分析，节约投资，提高经济效益和建筑装饰装修工程的质量和水平。

6）可持续性

建筑装饰装修工程施工同样必须把节能、节约资源、环境保护作为一个重要的要求。彻底改变建筑工程施工中使用高耗能、高污染、高浪费、高维护、使用周期短、循环利用差、管理粗放的施工工艺和手段。各项施工措施应符合国家《民用建筑工程室内环境污染控制规范》GB 50325—2010 的要求，避免选择含有毒性物质和放射性物质的建筑装饰材料，防止对使用者和施工者造成身体伤害。

7）发展性

建筑装饰是一个边缘性专业，涉及建材、化工、轻工以及建筑设计与施工等诸方面。改革开放以来，国外一些先进的装饰材料和施工工艺陆续引入我国，使我国的新材料、新技术和新工艺不断涌现，促进了我国建筑装饰技术的不断发展和提高。

（4）建筑装饰装修工程质量的验收

1）建筑装饰装修工程验收的意义

建筑装饰装修工程完工后必须进行验收，这是一个必要程序。这个程序需要法定的检验机构来执行，这样才有法律效率。通过验收确认施工企业的施工质量是否达到国家、地方制订的验收标准。在验收过程中发现的质量问题必须全部整改。整改以后，这部分工程还需要通过有关机构的验收。验收合格以后就确认了整体的建筑装饰装修工程已经符合了使用要求，可以办理工程完工和交付手续。

2）建筑装饰装修工程验收的依据

① 国家标准

建筑装饰装修工程验收的各项标准在 1.4.4 节建筑装饰装修工程施工质量验收的相关标准和规范中详细列出。这些标准是建筑装饰装修工程验收的法定依据。这些标准都是全国性的法规，它们是根据我国的宏观情况制定的约束全国建筑装饰装修工程的法规。

② 地方标准

对家庭装饰装修工程而言，我国各省先后制定了符合本地条件的地方标准。各地也可以按照本地省级人民政府制订的地方标准进行验收，但需要在工程进行

3

前事先约定。

我国幅员辽阔，各地的情况千差万别，约束全国的法条一般规定总体原则，各地还要在全国性法规的范围内，制定符合当地实际情况的地方法规和实施细则。各地方的家装设计师在掌握全国性法规的基础上还必须掌握地方政府制定的地方法规。

3）建筑装饰装修工程验收的主体

① 当事者验收

即几方当事人共同验收。由业主、设计师、监理人员和施工单位一起共同进行，这种方法适合小型装饰工程和家装工程的验收。在没有纠纷的情况下，可以采用这样的方法。

② 第三方验收

一般有两种形式：

A. 由法定检验机构验收。即由政府技术监督局或建筑质检站这样的专业检验机构来进行验收。

B. 具有资质的专业检验机构进行验收。如果家装公司和客户出现了矛盾，谁说了都不算，只好请第三方的检验机构进行验收。这样的验收是收费的，需要预先支付验收费用。

4）建筑装饰装修工程验收的方法和程序

① 验收方法

A. 分项工程验收。这种验收方法就是每完成一个分项工程就进行一次针对性验收。如隐蔽工程完工，就进行隐蔽工程的验收；防水工程完工就进行防水工程验收；中期工程完成就进行中期工程验收等。采用这种验收方法的优点是：及时发现装修缺陷，及时整改。如果出现问题，整改费用相对较少。缺点是：程序比较复杂，工期有可能拖延。采用分步验收方法的家装工程在最后完工时还有一个最终验收，但由于进行了分步验收，每个阶段的问题已经及时整改，所以在最后验收阶段就是履行一个手续。一般施工企业内部验收（监理公司监理验收）和家装公司验收多数采用这种验收方法。

B. 完工验收。这种验收方法就是在工程最后完工的时候对整个家装工程进行全面验收。优点是程序比较简单，但一旦发现问题，整改起来就比较困难。例如，在隐蔽工程上发现了问题，需要及时整改，如果等到完工验收时才发现问题，返工的工程量就大了。

② 验收的程序

建筑装饰装修工程验收程序见表1-2。

2. 分部工程的划分

建筑装饰装修工程的子分部工程及其分项工程应按表1-3划分。

3. 分部工程验收注意事项

国家标准《建筑装饰装修工程质量验收标准》GB 50210—2018对建筑装饰装修工程质量验收的程序和组织应符合下列规定：

建筑装饰装修工程验收程序表 表 1-2

项次	程序	内　容
1	准备相应的文件	工程验收时,必须准备好下列工程文件资料: 1) 施工合同和工程预算单,工艺做法(签约时必备); 2) 设计图纸,如施工中有较大修改,应有修改后图纸; 3) 工程变更通知单; 4) 各项隐蔽工程记录和验收单; 5) 各种材料的产品质量合格证、性能检测报告; 6) 各种材料的进场检验记录和进场报验记录; 7) 如做了防水工程,需要提供防水工程验收单; 8) 如已工程中期验收,需提供工程中期验收单; 9) 工程延期证明单; 10) 由于拆改墙体、水暖管道等经物业公司、甲乙双方共同签字的批准单(如未做上述工程,可不提供); 11) 其他甲乙双方在施工过程中达成的书面协议。 上述资料是正规的家装公司目前基本执行的工程文件,但有些文件可能是单方面的,需双方签字,装饰装修公司存档。事实上,这些工程文件均是有法律效力的。在目前的家装市场有待进一步规范的情况下,作为客户索要上述工程文件是保护自身利益的必备手段,也是消费者知情权的具体体现。如果业主和装饰装修公司发生争议而走上法庭时,这些文件均属于证据
2	查看工程设计效果	对照设计图纸,查看各个房间的设计效果是否与图纸一致。设计效果是否达到了图纸的要求
3	查看工程的施工情况	按照约定的验收规范,检验各个部分的施工情况和使用效果。例如,每个开关都要开启和关闭,每个插座都要检验是否通电,燃气、冷热水龙头、地漏、马桶、水斗等要试用,门窗、固定家具、抽屉都要开关抽拉,地面、墙面、吊顶、油漆等要仔细观察,看是否达到了施工规范的要求
4	出具验收报告	验收结果由检验机构出具验收报告,报告中必须载明验收结论

建筑装饰装修工程的子分部工程及其分项工程划分表 表 1-3

序号	子分部工程	分项工程
1	抹灰工程	一般抹灰,装饰抹灰,清水砌体勾缝
2	门窗工程	木门窗制作与安装,金属门窗安装,塑料门窗安装,特种门安装,门窗玻璃安装
3	吊顶工程	暗龙骨吊顶,明龙骨吊顶
4	轻质隔墙工程	板材隔墙,骨架隔墙,活动隔墙,玻璃隔墙
5	饰面板(砖)工程	饰面板安装,饰面砖粘贴
6	涂饰工程	水性涂料涂饰,溶剂型涂料涂饰,美术涂饰
7	裱糊与软包工程	裱糊,软包
8	细部工程	橱柜制作与安装,窗帘盒、窗台板和散热器罩制作与安装,门窗套制作与安装,护栏和扶手制作与安装,花饰制作与安装
9	建筑地面工程	基层,整体面层,板块面层,竹木面层

1) 检验批及分项工程应由监理工程师(建设单位项目技术负责人)组织施工

单位项目专业质量（技术）负责人等进行验收。

2）分部工程应由总监理工程师（建设单位项目负责人）组织施工单位项目负责人和技术、质量负责人等进行验收。地基与基础、主体结构分部工程的勘察、设计单位工程项目负责人和施工单位技术、质量部门负责人也应参加相关分部工程验收。

3）单位工程完工后，施工单位应自行组织有关人员进行检查评定，并向建设单位提交工程验收报告。

4）建设单位收到工程验收报告后，应由建设单位（项目）负责人组织施工（含分包单位）、设计、监理等单位（项目）负责人进行单位（子单位）工程验收。

5）单位工程有分包单位施工时，分包单位对所承包的工程项目应按《建筑工程施工质量验收统一标准》GB 50300—2013规定的程序检查评定，总包单位应派人参加。分包工程完成后，应将工程有关资料交总包单位。

6）当参加验收各方对工程质量验收意见不一致时，可请当地建设行政主管部门或工程质量监督机构协调处理。

7）单位工程质量验收合格后，建设单位应在规定时间内将工程竣工验收报告和有关文件，报建设行政管理部门备案。

4. 建筑装饰装修工程质量检验方法

检查建筑装饰装修工程质量的人员，必须是专业人员。他们应熟悉规范、规程，要具有一定的施工经验，且经质量检查的培训，能够按照标准的规定，评出正确的质量等级。建筑装饰装修工程质量检验方法见表1-4。

装饰装修工程质量检验方法表 表1-4

序号	检验方法	说　明
1	看	看各个界面是否平整平顺、线条是否顺直、色泽是否均匀、图案是否清晰等。为了确定装饰效果和缺陷的轻重程度，又规定了正视、斜视和不等距离的观察
2	摸	摸各个表面是否光滑、刷浆是否掉粉等。为了确定饰面或饰件安装或镶贴是否牢固，需要手扳或手摇检查。在检查过程中要注意成品的保护，手摸时要"轻摸"，防止因检查造成表面的污染和损坏
3	听	各个装饰面层安装或镶贴得是否牢固，是否有脱层、空鼓等不牢固现象，可以通过手敲、用小锤轻击的声音来判定。在检查过程中应注意"轻敲"和"轻击"，防止成品表面出现麻坑、斑点等缺陷
4	查	查图纸、材料产品合格证、材料试验报告或测试记录等是必要的流程。借助有关技术资料，来正确地评定装饰工程施工要求是否达到
5	测	装饰工程质量主要是观察检查，有时不能只凭眼睛看，还需要实测实量，将目测与实测结合起来进行"双控"，这样评出的质量等级更为合理

5. 建筑装饰施工的顺序

（1）自上而下的流水顺序

这种方式是待主体工程完成以后，装饰工程从顶层开始到底层依次逐层自上而下进行。这种流水顺序可以在房屋主体工程结构完成后进行，这样有一定的沉降时间，可以减少沉降对装饰工程的损坏。屋面完成防水工程后，可以防止雨水的渗漏，确保装饰工程的施工质量；可以减少主体工程与装饰工程的交叉作业，便于进行组织施工。

（2）自下而上的流水顺序

这种方式是在主体结构的施工过程中，装饰工程在适当时机插入，与主体结构施工交叉进行，由底层开始逐层向上施工。为了防止雨水和施工用水渗漏对装饰工程的影响，一般要求上层的地面工程完工后，才可进行下层的装饰工程施工。

这种流水顺序在高层建筑中应用较多，总工期可以缩短，甚至有些高层建筑的下部可以提前投入使用，及早发挥投资效益。但这种流水顺序对成品保护要求较高，否则不能保证工程质量。

（3）室内装饰与室外装饰施工的先后顺序

为了避免因天气原因影响工期，加快脚手架的周转时间，给施工组织安排留有足够的回旋余地，一般采用先做室外装饰后做室内装饰的方法。在冬季施工时，则可先做室内装饰，待气温升高后再做室外装饰。

（4）室内装饰工程各分项工程施工顺序

抹灰、饰面、吊顶和隔断等分项工程，应待隔墙、钢木门窗框、暗装的管道、电线管和预埋件、预制混凝土楼板灌缝等完工后进行。

钢木门窗及玻璃工程，根据地区气候条件和抹灰工程的要求，可在湿作业前进行；铝合金、塑料、涂色镀锌钢板门窗及其玻璃工程，宜在湿作业完成后进行，如果需要在湿作业前进行，必须加强对成品的保护。

有抹灰基层的饰面板工程、吊顶工程及轻型花饰安装工程，应待抹灰工程完工后进行，以免产生污染。

涂料、刷浆工程，以及吊顶、罩面板的安装，应在塑料地板、地毯、硬质纤维板等地面的面层和明装电线施工前，以及管道设备试压后进行。木地板面层的最后一遍涂料，应待裱糊工程完工后进行。

裱糊与软包工程，应待顶棚、墙面、门窗及建筑设备的涂料和刷浆工程完工后进行。

项 目 习 题

1. 建筑装饰装修工程验收的意义？
2. 建筑装饰装修工程质量检验方法？
3. 建筑装饰施工的顺序？

墙体装饰工程

任务 2.1　墙体抹灰施工

【任务概述】

1. 抹灰工程的分类

（1）一般抹灰

一般抹灰其面层材料有石灰砂浆、水泥砂浆、水泥混合砂浆、麻刀灰、纸筋灰和石膏灰等，一般抹灰又按建筑物的标准可分为高级和普通两级。

1）高级抹灰：适用于大型公共、纪念性建筑（如剧院、礼堂、展览馆和高级住宅）以及有特殊要求的高级建筑物等。

高级抹灰要求做一层底层、数层中层和一层面层，其主要工序是阴阳角找方、设置标筋、分层赶平、修整和表面压光。

2）普通抹灰适用于一般、公用和民用房屋（如住宅、宿舍、教学楼）以及高级装修建筑物中的附属用房。

普通抹灰要求做一层底层、一层中层和一层面层，其主要工序是阴阳角找方、设置标筋、分层赶平、修整与表面压光。

（2）装饰抹灰

装饰抹灰根据其面层做法分为水刷石、斩假石、干粘石、喷涂、弹涂、滚涂、仿石和彩色抹灰等。其底层、中层应按照中级及以上标准进行施工。

2. 抹灰的组成

为了保证抹灰表面平整，避免裂缝。抹灰施工一般应分层操作。抹灰层由底层、中层和面层组成（图 2-1）。

底层主要起与基体粘结和初步找平的作用，厚度一般为 10～15mm，所用材料依基层材料和使用要求不同选用。一般对砌体基层可选用石灰砂浆、水泥混合砂浆，有防潮防水要求的用水泥砂浆；对混凝土基层可选用水泥混合砂浆和水泥砂浆；对木板条基层用纸筋灰、麻刀灰或玻璃丝灰。

中层主要起找平作用，厚度一般为 5～12mm，所用材料基本上与底层相同。

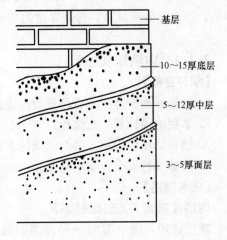

图 2-1

面层主要起装饰作用，厚度由面层材料不同而异：麻刀灰罩面，其厚度不大于 5mm；纸筋灰或石膏灰罩面，其厚度不大于 3mm，水泥砂浆面层和装饰面层不大于 10mm。

3. 抹灰层的厚度

（1）抹灰层的平均总厚度

抹灰层厚度以达到相应标准要求的平整度来决定，但抹灰层的平均总厚度，不得大于下列规定：

1）顶棚：板条、空心砖、现浇混凝土为 15mm；预制混凝土为 18mm；金属网为 20mm。

2）内墙：普通抹灰为 18mm；中级抹灰为 20mm；高级抹灰为 25mm。

3）外墙为 20mm；勒脚及突出墙面部分为 25mm。

4）石墙为 35mm。

（2）每层厚度

抹灰工程一般应分遍进行，以使其粘结牢固，并能起到找平和保证质量的作用。如果一次抹得太厚，由于内外层吸收水分快慢不同，易产生开裂，甚至起鼓脱落，每遍抹灰厚度一般控制如下：

1）抹水泥砂浆每层厚度宜为 5～7mm。

2）抹石灰砂浆和水泥混合砂浆每层厚度宜为 7～9mm。

3）抹灰面层采用麻刀石灰、纸筋石灰、石膏灰、粉刷石膏等罩面时，经赶平、压实后，其厚度麻刀石灰不得大于 3mm，纸筋石灰、石膏灰不得大于 2mm，粉刷石膏不受限制。

4）混凝土大板和大模板建筑的内墙面及楼板底面，宜用腻子分遍刮平，各遍应粘结牢固，总厚度为 2～3mm。

9

5）板条、金属网顶棚和墙抹灰的底层和中层，宜用麻刀石灰砂浆或纸筋石灰砂浆，各遍应分遍成活，每遍厚度为3～6mm。

2.1.1　内墙抹灰施工

【学习目标】

1. 能够根据实际工程合理进行内墙抹灰施工准备；

2. 掌握内墙抹灰工艺流程；

3. 能正确使用检测工具对内墙抹灰施工质量进行检查验收；

4. 能够进行安全、文明施工。

【任务描述】

内墙抹灰施工工艺流程如下：

基层清理，浇水湿润→吊垂直、套方、找规矩、做灰饼→抹水泥踢脚或墙裙→做护角抹水泥窗台→墙面冲筋→抹底灰→修抹预留孔洞、配电箱、槽、盒等→抹罩面灰。

【相关知识】

（1）主体结构必须经过相关单位（建设单位、施工单位、质量监理、设计单位）检验合格。

（2）抹灰前应检查门窗框安装位置是否正确，需埋设的接线盒、电箱、管线、管道套管是否固定牢固。连接处缝隙应用1∶3水泥砂浆或1∶1∶6水泥混合砂浆分层嵌塞密实，若缝隙较大时，应在砂浆中掺少量麻刀嵌塞，将其填塞密实，并用塑料贴膜或薄钢板将门窗框加以保护。

（3）将混凝土过梁、梁垫、圈梁、混凝土柱、梁等表面凸出部分剔平，将蜂窝、麻面、露筋、疏松部分剔到实处，并刷胶粘性素水泥浆或界面剂。然后用1∶3的水泥砂浆分层抹平。脚手眼和废弃的孔洞应堵严，外露钢筋头、铅丝头及木头等要剔除，窗台砖补齐，墙与楼板、梁底等交接处应用斜砖砌严补齐。

（4）配电箱（柜）、消火栓（柜）以及卧在墙内的箱（柜）等背面露明部分应加钉钢丝网固定好，涂刷一层胶粘性素水泥浆或界面剂。钢丝网与最小边搭接尺寸不应小于10cm。窗帘盒、通风篦子、吊柜、吊扇等埋件、螺栓位置、标高应准确牢固，且防腐、防锈工作完毕。

（5）对抹灰基层表面的油渍、灰尘、污垢等应清除干净，对抹灰墙面结构应提前浇水均匀湿透。

（6）抹灰前屋面防水及上一层地面最好已完成，如没完成防水及上一层地面需进行抹灰时，必须有防水措施。

（7）抹灰前应熟悉图纸、设计说明及其他设计文件，制定方案，做好样板间，经检验达到要求标准后方可正式施工。

（8）抹灰前应先搭好脚手架或准备好高马凳，架子应离开墙面20～25cm，便于操作。

【任务准备】

1. 技术准备

1）完成抹灰工程的施工图、设计说明及其他设计文件。

2）完成材料的产品合格证书、性能检测报告、进场验收记录和复验报告。

3）完成施工技术交底（作业指导书）。

2. 材料准备

（1）水泥

宜采用普通水泥或硅酸盐水泥，也可采用矿渣水泥、火山灰水泥、粉煤灰水泥及复合水泥。水泥强度等级宜采用 32.5 级以上颜色一致、同一批号、同一品种、同一强度等级、同一厂家生产的产品。

水泥进场需对产品名称、代号、净含量、强度等级、生产许可证编号、生产地址、出厂编号、执行标准、日期等进行外观检查，同时验收合格证。

（2）砂

宜采用平均粒径 0.35～0.5mm 的中砂，在使用前应根据使用要求过筛，筛好后保持洁净。

（3）磨细石灰粉

其细度过 0.125mm 的方孔筛，累计筛余量不大于 13%，使用前用水浸泡使其充分熟化，熟化时间最少不小于 3d。

浸泡方法：提前备好大容器，均匀地往容器中撒一层生石灰粉，浇一层水，然后再撒一层，再浇一层水，依次进行，当达到容器的 2/3 时，将容器内放满水，使之熟化。

（4）石灰膏

石灰膏与水调和后具有凝固时间快，并在空气中硬化，硬化时体积不收缩的特性。用块状生石灰配制时，用筛网过滤，贮存在沉淀池中，使其充分熟化。熟化时间常温一般不少于 15d，用于罩面灰时不少于 30d，使用时石灰膏内不得含有未熟化的颗粒和其他杂质。在沉淀池中的石灰膏要加以保护，防止其干燥、冻结和污染。

（5）纸筋

采用白纸筋或草纸筋施工时，使用前要用水浸透（时间不少于三周），将其捣烂成糊状，并要求洁净、细腻。用于罩面时宜用机械碾磨细腻，也可制成纸浆。要求稻草、麦秆应坚韧、干燥、不含杂质，其长度不得大于 30mm，稻草、麦秆应经石灰浆浸泡处理。

（6）麻刀

必须柔韧干燥，不含杂质，行缝长度一般为 10～30mm，用前 4～5d 敲打松散并用石灰膏调好，也可采用合成纤维。

3. 机具准备

麻刀机、砂浆搅拌机、纸筋灰拌和机、窄手推车、铁锹、筛子、水桶（大小）、灰槽、灰勺、刮杠（大 2.5m，中 1.5m），靠尺板（2m）、线坠、钢卷尺、方尺、托灰板、铁抹子、木抹子、塑料抹子、八字靠尺、方口尺、阴阳角抹子、长舌铁抹子、金属水平尺、抹角器、软水管、长毛刷、鸡腿刷、钢丝刷、茅草帚、喷壶、小线、钻子（尖、扁）、粉线袋、铁锤、钳子、钉子、托线板等。

【任务实施】

1. 基层清理

（1）砖砌体：应清除表面杂物，残留灰浆、舌头灰、尘土等。

（2）混凝土基体：表面凿毛或在表面洒水润湿后涂刷1∶1水泥砂浆（加适量胶粘剂或界面剂）。

（3）加气混凝土基体：应在湿润后边涂刷界面剂，边抹强度不大于M5的水泥混合砂浆。

2. 浇水湿润

一般在抹灰前一天，用软管或胶皮管或喷壶顺墙自上而下浇水湿润，每天宜浇两次。

3. 吊垂直、套方、找规矩、做灰饼

根据设计图纸要求的抹灰质量，根据基层表面平整垂直情况，用一面墙做基准，吊垂直、套方、找规矩，确定抹灰厚度，抹灰厚度不应小于7mm。当墙面凹度较大时应分层衬平。每层厚度不大于7~9mm。操作时应先抹上灰饼，再抹下灰饼。抹灰饼（做标志俗称塌饼）时应根据室内抹灰要求，确定灰饼的正确位置，再用靠尺板找好垂直与平整。灰饼宜用1∶3水泥砂浆抹成5cm×5cm形状。

房间面积较大时应先在地上弹出十字中心线，然后按基层面平整度弹出墙角线，随后在距墙阴角100mm处吊垂线并弹出铅垂线，再按地上弹出的墙角线往墙上翻引弹出阴角两面墙上的墙面抹灰层厚度控制线，以此做灰饼，然后根据灰饼冲筋。

做灰饼一般按下列步骤进行：

（1）用2m直尺任意方向靠在墙面上，检查墙面平整度；用2m长托线板垂直地靠在墙面上，检查墙面垂直度；

（2）在墙面上浇水使其湿润；

（3）在墙面上方阴角附近（约距顶棚及内墙10cm处），用底层灰所用砂浆抹上一块5cm×5cm的砂浆块（塌饼），其表面要抹平；

（4）待已抹砂浆块稍干后，在其右侧或左侧钉上圆钉，在钉杆间系准线，使准线与砂浆块表面相平；

（5）按照准线，在墙面上方每隔1.5m左右再做若干砂浆块（塌饼）；

（6）待各砂浆块稍干后，在其上方钉上圆钉，在钉杆上挂个线锤吊下来，吊线与砂浆块面平齐；

（7）按照线锤，在墙面下方每隔1.5m左右（与上方塌饼相对）再做若干砂浆块，此处砂浆块离踢脚上边约10cm左右，砂浆块面与吊线平齐；

（8）砂浆块全部做完后，拔去圆钉。检查各砂浆块表面是否平整，不平的须及时修补。

4. 抹水泥踢脚（或墙裙）

根据已抹好的灰饼冲筋（此筋可以冲的宽一些，8~10cm为宜，因此筋即为抹踢脚或墙裙的依据，同时作为墙面抹灰的依据），底层抹1：3水泥砂浆，抹好后用大杠刮平，木抹搓毛，常温第二天用1：2.5水泥砂浆抹面层并压光，抹踢脚或墙裙厚度应符合设计要求，无设计要求时凸出墙面5~7mm为宜。凡凸出抹灰墙面的踢脚或墙裙上口必须保证光洁顺直，踢脚或墙面抹好将靠尺贴在大面与上口平齐，然后用小抹子将上口抹平压光，凸出墙面的棱角要做成钝角，不得出现毛茬和飞棱。

5. 做护角

墙、柱间的阳角应在墙、柱面抹灰前用1：2水泥砂浆做护角，其高度自地面以上2m，然后将墙、柱的阳角处浇水湿润。第一步在阳角正面立上八字靠尺，靠尺突出阳角侧面，突出厚度与成活抹灰面平齐。然后在阳角侧面，依靠尺边抹水泥砂浆，并用铁抹子将其抹平，按护角宽度（不小于5cm）将多余的水泥砂浆铲除。第二步待水泥砂浆稍干后，将八字靠尺移到抹好的护角面上（八字坡向外）。在阳角的正面依靠尺边抹水泥砂浆，并用铁抹子将其抹平，按护角宽度将多余的水泥砂浆铲除。抹完后去掉八字靠尺，用素水泥浆涂刷护角尖角处，并用抹角器自上而下抹一遍，使之形成钝角。

6. 抹水泥窗台

先将窗台基层清理干净，松动的砖要重新补砌好。砖缝划深，用水润透，然后用1：2：3豆石混凝土铺实，厚度宜大于2.5cm，次日刷胶粘性素水泥浆一遍，随后抹1：2.5水泥砂浆面层，待表面达到初凝后，浇水养护2~3d。窗台板下口抹灰要平直，没有毛刺。

7. 墙面冲筋（做标筋、出柱头）

当灰饼砂浆达到七八成干时，即可用与抹灰层相同砂浆冲筋，冲筋根数应根据房间的宽度和高度确定，一般标筋宽度为5cm。两筋间距不大于1.5m。即在上下两砂浆块之间，用底层灰同样的砂浆抹成砂浆条（灰梗），其宽度同砂浆块，抹上砂浆后用刮尺在砂浆条面上来回搓动，使砂浆条与砂浆块一样平。

当墙面高度小于3.5m时宜做立筋，大于3.5m时宜做横筋，做横向冲筋时做灰饼的间距不宜大于2m。

8. 抹底灰

一般情况下冲筋完成2h左右可开始抹底灰为宜，抹前应先抹一层薄灰，要求将基体抹严，抹时用力压实使砂浆挤入细小缝隙内，抹灰与冲筋平齐，用木杠刮找平整，用木抹子搓毛。

抹底层灰可用托灰板（大板）盛砂浆，用力将砂浆推抹到墙面上，一般应从上而下进行，在两标筋之间的墙面上砂浆抹满后，即用长刮尺两头靠住标筋，从下而上进行刮灰，使抹上的底层灰与标筋面相平，再用木抹来回抹压，去高补低，最后再用铁抹压平一遍。

然后全面检查底子灰是否平整，阴阳角是否方直、整洁，管道后与阴角交接

13

处、墙顶板交接处是否光滑平整、顺直，并用托线板检查场面垂直与平整情况。散热器后边的栅面抹灰，应在散热器安装前进行，抹灰面接搓应平顺，地面踢脚板或墙裙，管道背后应及时清理干净，做到活完底清。

9. 修抹预留孔洞、配电箱、槽、盒

当底灰抹平后，要随即由专人把预留孔洞、配电箱、梢、盒周边 5cm 宽的石灰砂浆刮掉，并清除干净，用大毛刷沾水沿周边刷水湿润。然后用 1：1：4 水泥混合砂浆，把洞口、箱、槽、盒周边压抹平整、光滑。

10. 抹罩面灰

应在底灰六、七成干时开始抹罩面灰（抹时如底灰过干应浇水湿润），罩面灰两遍成活，厚度约 2mm，操作时最好两人同时配合进行，一人先刮一遍薄灰，另一人随即抹平。依先上后下的顺序进行，然后赶实压光，压时要掌握力度既不要出现水纹，也不可压活，压好后随即用毛刷蘸水将革面灰污染处清理干净。施工时整面墙宜一次成活。如遇有预留施工洞时，可甩下整面墙待抹为宜。

铁抹运行方向应注意：不要乱抹，最后一遍抹压宜是垂直方向，各分遍之间宜互相垂直抹压。墙面上半部与墙面下半部面层灰接头处应压抹理顺，不留抹印。

11. 阴阳角找方

两墙面相交的阴角、阳角抹灰方法，一般按下述步骤进行。

（1）用阴角方尺检查阴角的直角度。用阳角方尺检查阳角的直角度。用线锤检查阴角或阳角的垂直度。根据直角度及垂直度的误差，确定抹灰层厚度。阴、阳角处洒水湿润。

（2）将底层灰抹于阴角处，用木阴角抹压住抹灰层并上下搓动，使阴角处抹灰基本上达到直角。如接近阴角处有已结硬的标筋，则木阴角器应沿着标筋上下搓动，基本搓平后，再用阴角抹上下抹压，使阴角线垂直。

（3）将底层灰抹于阳角处，用木阳角器压住抹灰层并上下搓动，使阳角处抹灰基本上达到直角。再用阳角抹上下抹压，使阳角线垂直。

（4）在阴角、阳角处底层灰凝结后，洒水湿润，将中层灰抹于阴角、阳角处，分别用阴角抹、阳角抹上下抹压，使中层灰达到平整。

（5）待阴角、阳角处中层灰凝结后，洒水湿润，将面层灰抹于阴角、阳角处，分别用阴角抹、阳角抹上下抹压，使面层灰达到平整光滑。

阴阳角找方应与墙面抹灰相配合进行，即墙面抹底层灰时，阴、阳角抹底层灰找方。

【任务评价】

1. 质量标准

（1）一般规定

1）抹灰工程验收时应检查下列文件和记录：

① 抹灰工程的施工图、设计说明及其他设计文件。

② 材料的产品合格证书、性能检测报告、进场验收记录和复验报告。

③ 隐蔽工程验收记录。

④ 施工记录。

2）抹灰工程应对水泥的凝结时间和安定性进行复验。

3）抹灰工程应对下列隐蔽工程项目进行验收：

① 抹灰总厚度不小于 35mm 时的加强措施。

② 不同材料基体交接处的加强措施。

4）各分项工程的检验批应按下列规定划分：

① 相同材料、工艺和施工条件的室外抹灰工程每 500～1000m 应划为一个检验批，不足 500m，也应划为一个检验批。

② 相同材料、工艺和施工条件的室内抹灰工程每 50 个自然间（大面积房间和走廊按抹灰面积 30m² 为一间）应划分为一个检验批，不足 50 间也应划分为一个检验批。

5）检查数量应符合下列规定：

室内每个检验批应至少抽查 10%，并不得少于 3 间；不足 3 间时应全数检查。

6）抹灰用的石灰膏的熟化期不应少于 15d；罩面用的磨细石灰粉的熟化期不应少于 3d。

7）室内墙面、柱面和门洞口的阳角做法应符合设计要求。设计无要求时，应采用 1：2 水泥砂浆做护角，其高度不应低于 2m，每侧宽度不应小于 50mm。

8）当要求抹灰层具有防水、防潮功能时，应采用防水砂浆。

9）各种砂浆抹灰层，在凝结前应防止快干、水冲、撞击、振动和受冻，在凝结后应采取措施防止玷污和损坏。水泥砂浆抹灰层应在湿润条件下养护。

（2）主控项目

1）抹灰前基层表面的尘土、污垢、油渍等应清除干净，并应洒水润湿。

检验方法：检查施工记录。

2）一般抹灰所用材料的品种和性能应符合设计要求。水泥的凝结时间和安定性复验应合格。砂浆的配合比应符合设计要求。

检验方法：检查产品合格证书、进场验收记录、复验报告和施工记录。

3）抹灰工程应分层进行。当抹灰总厚度不小于 35mm 时，应采取加强措施。不同材料基体交接处表面的抹灰，应采取防止开裂的加强措施，当采用加强网时，加强网与各基体的搭接宽度不应小于 100mm。

检验方法：检查隐蔽工程验收记录和施工记录。

4）抹灰层与基层之间及各抹灰层之间必须粘结牢固，抹灰层应无脱层、空鼓，面层应无爆灰和裂缝。

检验方法：观察；用小锤轻击检查；检查施工记录。

（3）一般项目

1）一般抹灰工程的表面质量应符合下列规定：

① 普通抹灰表面应光滑、洁净、接搓平整，分格缝应清晰。

② 高级抹灰表面应光滑、洁净、颜色均匀、无抹纹，分格缝和灰线应清晰美观。

检验方法：观察；手摸检查。

2）护角、孔洞、槽、盒周围的抹灰表面应整齐、光滑；管道后面的抹灰表面应平整。

检验方法：观察。

3）抹灰层的总厚度应符合设计要求；水泥砂浆不得抹在石灰砂浆层上；罩面石膏灰不得抹在水泥砂浆层上。

检验方法：检查施工记录。

4）抹灰分格缝的设置应符合设计要求，宽度和深度应均匀，表面应光滑，棱角应整齐。

检验方法：观察；尺量检查。

5）有排水要求的部位应做滴水线（槽）。滴水线（槽）应整齐顺直，滴水线应内高外低，滴水槽宽度和深度均不应小于 10mm。

检验方法：观察；尺量检查。

6）一般抹灰工程质量的允许偏差和检验方法应符合表 2-1 的规定。

允许偏差和检查方法 表 2-1

项次	项目	允许偏差（mm）		检验方法
		普通	高级	
1	立面垂直度	4	3	用 2m 垂直检测尺检查
2	表面平整度	4	3	用 2m 靠尺和塞尺检查
3	阴阳角方正	4	3	用直角检测尺检查
4	分格条（缝）直线度	4	3	拉 5m 线，不足 5m 拉通线，用钢直尺检查
5	墙裙勒脚上口直线度	4	3	拉 5m 线，不足 5m 拉通线，用钢直尺检查

【任务练习】

1．内墙一般抹灰工艺流程如何？

2．简述内墙一般抹灰的施工方法。

3．简述加气混凝土墙体的一般抹灰施工方法。

4．一般抹灰空鼓、裂缝是什么原因？

2.1.2 外墙一般抹灰施工

【学习目标】

1．能够根据实际工程合理进行外墙抹灰施工准备。

2．掌握外墙抹灰工艺流程。

3．能正确使用检测工具对外墙抹灰施工质量进行检查验收。

4．能够进行安全、文明施工。

【任务描述】

外墙一般抹灰施工工艺流程如下：

墙面基层清理、浇水湿润→堵门窗口缝及脚手眼、孔洞→吊垂直、套方、找规矩、抹灰饼、冲筋→抹底层灰、中层灰→弹线分格、嵌分格条→抹面层灰、起分格条→抹滴水线→养护。

【相关知识】

(1) 设计

① 抹灰工程应有施工图、设计说明及其他设计文件。

② 相关各单位专业之间应进行交接验收并形成记录。

(2) 材料

① 所有材料进场时应对品种、规格、外观和数量进行验收。材料包装应完好，有产品合格证书。

② 进场后需要进行复验的材料应符合国家规范规定。

③ 现场配制的砂浆、胶粘剂等应按设计要求或产品说明书配制。

④ 不同品种、不同强度等级的水泥不得混合使用。

(3) 施工

① 在施工中严禁违反设计文件擅自改动建筑主体、承重结构或主要使用功能，严禁未经设计确认和有关部门批准擅自拆改水、暖、电、燃气、通信等配套设施。

② 各工序应按施工技术标准进行质量控制，每道工序完成后，应进行"工序交接"检验。

③ 相关各专业工种之间，应进行交接检验，并形成记录，未经监理工程师或建设单位技术负责人检查认可，不得进行下道工序施工。

④ 施工过程质量管理应有相应的施工技术标准和质量管理体系，加强过程质量控制管理。

⑤ 施工完成验收前应将施工现场清理干净。

⑥ 施工单位应遵守有关环境保护的法律法规，并应采取有效措施控制施工现场的各种粉尘、废弃物、噪声、振动等对周围环境造成的污染和危害。

【任务准备】

(1) 技术准备

1) 抹灰工程的施工图、设计说明及其他设计文件完成。

2) 材料的产品合格证书、性能检测报告、进场验收记录和复验报告完成。

3) 施工组织设计（方案）已完成，经审核批准并已完成交底工作。

4) 施工技术交底已完成。

(2) 材料准备

1) 水泥

宜采用普通水泥或硅酸盐水泥，彩色抹灰宜采用白色硅酸盐水泥。水泥强度等级宜采用 32.5 级以上颜色一致、同一批号、同一品种、同一强度等级、同一厂家生产的产品。

水泥进场需对产品名称、代号、净含量、强度等级、生产许可证编号、生产地址、出厂编号、执行标准、日期等进行外观检查，同时验收合格证。

2）砂

宜采用平均粒径 0.35～0.5mm 的中砂，在使用前应根据使用要求过筛，筛好后保持洁净。

3）磨细石灰粉

其细度过 0.125mm 的方孔筛，累计筛余量不大于 13％，使用前用水浸泡使其充分熟化，熟化时间不少于 3d。

浸泡方法：提前备好大容器，均匀地往容器中撒一层生石灰粉，浇一层水，然后再撒一层，再浇一层水，依次进行，当达到容器的 2/3 时，将容器内放满水，使之熟化。

4）石灰膏

石灰膏与水调和后具有凝固时间快，并在空气中硬化，硬化时体积不收缩的特性。

用块状生石灰淋制时。用筛网过滤，贮存在沉淀池中，使其充分熟化。熟化时间常温一般不少于 15d，用于罩面灰时不少于 30d，使用时石灰膏内不得含有未熟化的颗粒和其他杂质。在沉淀池中的石灰膏要加以保护，防止其干燥、冻结和污染。

5）掺加材料

当使用胶粘剂或外加剂时，必须符合设计及国家规范要求。

（3）机具准备

1）砂浆搅拌机：可根据现场使用情况选择强制式或小型鼓筒混凝土搅拌机等。

2）手推车：室内抹灰时采用窄式卧斗或翻斗式，室外可根据使用情况选择窄式或普通式斗车。手推车宜采用胶胎轮或充气胶胎轮，不宜采用硬质胎轮。

3）施工工具：铁锹、筛子、水桶（大小）、灰槽、灰勺、刮杠（大 2.5m，中 1.5m），靠尺板、线坠、钢卷尺、方尺、托灰板、铁抹子、木抹子、塑料抹子、八字靠尺、方口尺、阴阳角抹子、长舌铁抹子、金属水平尺、捋角器、软水管、长毛刷、鸡腿刷、钢丝刷、笤帚、喷壶、小线、钻子（尖、扁）、粉线袋、铁锤、钳子、钉子、托线板等。

【任务实施】

（1）墙面基层清理、浇水湿润

1）砖墙基层处理

将墙面上残存的砂浆、舌头灰剔除干净，污垢、灰尘等清理干净，用清水冲洗墙面，将砖缝中的浮砂、尘土冲掉，并将墙面均匀湿润。

2）混凝土墙基层处理

因混凝土墙面在结构施工时大都使用脱模隔离剂，表面比较光滑，故应将其表面进行处理，其方法：采用脱污剂将墙面的油污脱除干净，晾干后采用机械喷涂或笤帚涂刷一层薄的胶粘性水泥浆或涂刷一层混凝土界面剂，使其凝固在光滑的基层上，以增加抹灰层与基层的附着力，不出现空鼓开裂。再一种方法可采用将其表面用尖钻子均匀剔成麻面，使其表面粗糙不平，然后浇水湿润。

3）加气混凝土墙基层处理

加气混凝土砌体其本身强度较低，孔隙率较大，在抹灰前应对松动及灰浆不饱满的拼缝或梁、板下的顶头缝，用砂浆填塞密实。将墙面凸出部分或舌头灰剔凿平整，并将缺棱掉角、坑洼不平和设备管线槽、洞等同时用砂浆整修密实、平顺。用托线板检查墙面垂直偏差及平整度，根据要求将墙面抹灰基层处理到位，然后喷水湿润。

（2）堵门窗口缝及脚手眼、孔洞等

堵缝工作要作为一道工序安排专人负责，门窗框安装位置准确牢固，用1∶3水泥砂浆将缝隙塞严。堵脚手眼和废弃的孔洞时，应将洞内杂物、灰尘等物清理干净，浇水湿润，然后用砖将其补齐砌严。

（3）吊垂直、套方、找规矩、做灰饼、冲筋

根据建筑高度确定放线方法，高层建筑可利用墙大角、门窗口两边，用经纬仪打直线找垂直。多层建筑可从顶层用大线坠吊垂直，绷钢丝找规矩，横向水平线可依据楼层标高或施工＋50cm线为水平基准线进行交圈控制，然后按抹灰操作层抹灰饼，做灰饼时应注意横竖交圈，以便操作。每层抹灰时则以灰饼做基准冲筋，使其保证横平竖直。

（4）抹底层灰、中层灰

根据不同的基体，抹底层灰前可刷一道胶粘性水泥浆，然后抹1∶3水泥砂浆（加气混凝土墙应抹1∶1∶6混合砂浆），每层厚度控制在5～7mm为宜。分层抹灰，抹至与冲筋平时，用木杠刮平找直，木抹搓毛，每层抹灰不宜跟得太紧，以防收缩影响质量。

（5）弹线分格、嵌分格条

根据图纸要求弹线分格、粘分格条。分格条宜采用红松制作，粘前应用水充分浸透。粘时在分格条两侧用素水泥浆抹成45°八字坡形。粘分格条时注意竖条应粘在所弹立线的同一侧，防止左右乱粘，出现分格不均匀。分格条粘好后待底层呈七、八成干后可抹面层灰。

（6）抹面层灰、起分格条

待底灰呈七、八成干时开始抹面层灰，将底灰墙面浇水均匀湿润。先刮一层薄薄的素水泥浆，随即抹罩面灰与分格条平齐，并用木杠横竖刮平，木抹子搓毛，铁抹子溜光、压实。待其表面无明水时，用软毛刷蘸水垂直于地面向同一方向轻刷一遍，以保证面层灰颜色一致。避免出现收缩裂缝，随后将分格条起出，待灰层干后，用素水泥将缝勾好。难起的分格条不要硬起，防止棱角损坏。待灰层干透后补起，并补勾缝。

（7）抹滴水线

在抹檐口、窗台、窗帽、阳台、雨篷、压顶和突出墙面的腰线以及装饰凸线时，应将其上面做成向外的流水坡度，严禁出现倒坡。下面做滴水线（槽）。窗台上面的抹灰层应深入窗框下坎裁口内，堵塞密实，流水坡度及滴水线（槽）距外

表面不小于 4cm，滴水线深度和宽度一般不小于 10mm，并应保证其流水坡度方向正确。

抹滴水线（槽）应先抹立面，后抹顶面，再抹底面。分格条在底面灰层抹好后即可拆除。采用"隔夜"拆条法时，需待抹灰砂浆达到适当强度后方可拆除。

（8）养护

水泥砂浆抹灰常温 24h 后应喷水养护。冬期施工要有保温措施。

【任务评价】

（1）注意防止出现空鼓、开裂、脱落

1）基体表面要认真清理干净，浇水湿润。

2）基体表面光滑的要进行毛化处理。

3）准确控制各抹灰层的厚度，防止一次抹灰过厚。

4）大面积抹灰应分格，防止砂浆收缩，造成开裂。

5）加强养护。

（2）注意防止阳台、雨罩、窗台等抹灰面水平和垂直方向出现不一致

1）抹灰前拉通线，吊垂直线检查调整，确定抹灰层厚度。

2）抹灰时在阳台、雨罩、窗口、柱垛等处水平和垂直方向拉通线找平、找正套方。

（3）注意防止抹灰面不平整，阴阳角不方正、不垂直

1）抹灰前应认真对整个抹灰部位进行测量。确定抹灰总厚度，对坑洼不平的应分层补平。

2）抹阴阳角时要冲筋，并使用专用工具操作以控制其方正。

【任务练习】

1. 外墙一般抹灰工艺流程是什么？

2. 简述外墙一般抹灰的施工方法。

3. 外墙一般抹灰任务评价标准是什么？

任务 2.2　墙体饰面工程施工

2.2.1　内墙贴面砖施工

【学习目标】

1. 能够根据实际工程合理进行墙体贴面工程施工准备。

2. 掌握墙体贴面砖施工工艺流程。

3. 能正确使用检测工具对墙体贴面砖施工质量进行检查验收。

4. 能够进行安全、文明施工。

【任务描述】

内墙贴面砖构造示意图见图2-2。

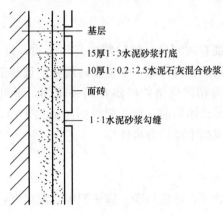

图 2-2

内墙贴面砖施工工艺流程：

选砖→基层处理→贴标块→设标筋→抹底子灰→排砖→弹线、拉线、贴标志砖→垫底尺→铺贴釉面砖→铺贴边角→擦缝。

【相关知识】

（1）完成墙顶抹灰、墙面防水层、地面防水层和混凝土垫层后方可进行施工作业。

（2）立好门窗框，装好窗扇及玻璃，做好内隔墙和水电管线，堵好管洞。

（3）施工前应堵好脚手眼，窗台板也应安装好。

（4）铝合金门窗框边缝所用嵌塞材料要符合设计要求，且应塞堵密实并事先粘贴好保护膜。

（5）洗面器托架、镜钩等附墙设备应预埋防腐木砖，位置要准确。

（6）施工前应弹好墙面+500mm水平线。

（7）如室内层高较高，墙面大，需搭设架子时，要提前选用双排架子，其横竖杆及拉杆等应离开门窗口角和墙面150～200mm，架子的步高要符合设计要求；大面积铺贴内墙砖工程应做样板墙或样板间，经质量部门检查合格后，正式施工。

【任务准备】

（1）材料准备

陶瓷釉面砖产品质且应符合现行有关标准，必须有产品合格证；对掉角、缺棱、开裂、夹层、翘曲和遭受污染的产品应剔除。对不易观察的细裂纹和夹层缺陷的最有效而简捷的检验方法是用小金属棒轻轻敲击砖背面，当听到沙哑的声音必是夹层砖或裂纹砖。辅助材料有水泥、砂、水等。

（2）机具准备

木抹子、铁抹子、小灰铲、小木杠、角尺、托线板、水平尺、八字靠尺、卷尺、克丝钳、墨斗、尼龙线、刮尺、钢扁铲、小铁锤、扫帚、水桶、水盆、洒水壶、切砖机、合金钢钻及拌灰工具等。

【任务实施】

（1）选砖

内墙砖属于近距离观看的制品，铺贴前应开箱验收，发现破碎产品、表面有缺陷并影响美观的均应剔出。可自做一个检查砖规格的选砖工具，按 1mm 差距分档将砖分为三种规格，将相同规格的砖镶在同一房间，不可大小规格混合使用，以免影响镶贴效果。釉面砖镶贴前，首先要将面砖清扫干净，放入净水中浸泡 2h 以上，取出待表面晾干或擦干净后方可使用。

（2）基层处理

1）基层为砖墙

将基层表面多余的砂浆、灰尘扫净，脚手架等孔洞堵严，墙面浇水润湿。

2）基层为混凝土

剔凿凸出部分，光面凿毛，用铜丝刷子满刷一遍。墙面有隔离剂、油污等，先用 10% 浓度的火碱水洗刷干净，再用清水冲洗干净，然后浇水润湿。

3）基层为加气混凝土板

用钢丝刷将表面的粉末清刷一遍，提前 1d 浇水润湿板缝，清理干净，并刷 25% 的 108 胶水溶液，随后用 1∶1∶6 的混合砂浆勾缝、抹平。在基层表面普遍刷一道 25% 的 108 胶水溶液层使底层砂浆与加气混凝土面层粘结牢固。加气混凝土板接缝宜钉 150～200mm 宽的钢丝网，以避免灰层拉裂。

（3）贴标块

贴标块，首先用托线板检查砖墙平整、垂直程度，由此确定抹灰厚度，但最薄不应小于 7mm，遇墙面凹度较大处要分层涂抹，严禁一次抹得太厚。一次抹灰超厚，砂浆干缩，易空鼓开裂。距两边阴角 100～200mm 处，分别做一个标块，大小通常为 50mm×50mm，厚度一般为 10～15mm，以墙面平整和垂直为准。标块所用砂浆与底子灰砂浆相同，常用 1∶3 水泥砂浆（或用水泥∶石灰膏∶砂 = 1∶0.1∶3 的混合砂浆）。根据上面两个标块用托线板挂垂直线做下面两个标块，或位于踢脚线上口，在两个标块的两端砖缝分别钉上小钉子，在钉子上拉横线，线距标块表面 1mm 处，根据拉线做中间标块。厚度与两端标块一样。标块间距为1.2～1.5m，在门窗口垛角处均应做标块。若墙高于 3.2m 以上，应两人一起挂线贴标块。一人在架子上吊线锤，另一人站在地面，根据垂直线调整上下标块的厚度。

（4）设标筋

设标筋也称冲筋。墙面浇水润湿后，在上下两个标块之间先抹一层宽度为 100mm 左右的水泥砂浆，稍后，再抹第二遍凸起成八字形，应比标块略高，然后用木杠两端紧贴标块左右上下来回搓动，直至把标筋与标块搓到一样平为止。竖向为竖筋，水平方向为横筋。标筋所用砂浆与底子灰相同。操作时，应先检查木杠有无受潮变形，若变形应及时修理，以防标筋不平。

（5）抹底子灰

标筋做完后，抹底子灰应注意两点：一是先薄薄抹一层，再用刮杠刮平，木抹子搓平，接着抹第二遍，与标筋找平；二是抹底灰的时间应掌握好，不宜过早，也不应过晚。底子灰抹早了，筋软易将标筋刮坏，产生凹陷现象；底子灰抹晚了标筋干了，抹上底子灰虽然看似与标筋齐平了，可待底灰干了，便会出现标筋高出墙面现象。

1）基层为砖墙面

先在墙面上浇水润湿，紧跟着分层分遍抹 1：3 水泥砂浆底子灰，厚度约12mm，吊直、刮平，底灰要扫毛或划出横向纹道，24h 后浇水养护。

2）基层为混凝土墙面

先刷一道掺水率 10％的 108 胶水泥浆，接着分层分遍抹 1：3 水泥砂浆底子灰，每层厚度以 5～7mm 为宜。底层砂浆与墙面要粘结牢固，打底灰要扫毛或划出纹道。

3）基层为加气混凝土板

先刷一道掺水率 20％的 108 胶水溶液，紧跟着分层分遍抹 1：0.5：4 水泥混合砂浆。厚度约 7mm，吊直、刮平，底子灰要扫毛或划出纹道。待灰层终凝后，浇水养护。

（6）排砖

排砖应按设计要求和选砖结果以及铺贴釉面砖墙面部位实测尺寸，从下至上按皮数排列（在厨房、卫生间等上部有吊顶可以遮掩）。如果缝宽无具体要求时，可按 1～1.5mm 计算。排在最下一皮的釉面砖下边沿应比地面标高低 10mm 左右，因为地砖要压墙砖。铺贴釉面砖一般从阳角开始，非整砖应排在阴角或次要部位。

墙裙铺砖，上边收口应将压顶条计算在内。如遇墙面有管卡、管根等突出物。釉面砖必须进行套割镶嵌处理。装饰要求高的工程，还应绘制釉面砖排砖详图，以保证工程高质量。内墙釉面砖的组合铺贴形式，较为普遍的做法是顺缝铺贴（十字缝）和错缝（骑马缝）铺贴。

（7）弹线、拉线、贴标志块

1）弹竖线

经检查基层表面符合贴砖要求后，可用墨斗弹出竖线，每隔 2～3 块弹一竖线，沿竖线在墙面吊垂直，贴标准点（用水泥：石灰粉：砂＝1：0.1：3 的混合砂浆），然后，在墙面两侧贴定位釉面砖两行（标准砖行），大面墙可贴多条标准砖行，厚度 5～7mm，以此作为各皮砖铺贴的基准，定位砖底边必须与水平线吻合。

2）弹水平线

在距地面一定高度处弹水平线，但离地面最低不要低于 50mm，以便垫底尺，底尺上口与水平线吻合。大墙面 1m 左右间距弹一条水平控制线。

3）拉线

在竖向定位的两行标准砖之间分别拉水平控制线，保证所贴的每一行砖与水平线平直，同时也控制整个墙面的平整度。

（8）铺贴釉面砖

可用 1∶2 水泥砂浆铺贴釉面砖。铺贴前砖浸水 2h，晾干表面浮水后，在釉面砖背面均匀地抹满灰浆。以拉线为标准，位置准确地贴于润湿的找平层上，用灰铲木把轻轻敲实，使灰挤满。贴好几块后，要认真检查平整度和调整缝隙（为了使砖缝一致，可使用砖缝塑料卡），发现不平砖要用灰铲把敲平；亏灰的砖，应取出添灰重贴。照此方法一皮一皮自下而上铺贴。从缝隙中挤流出的灰浆要及时用抹布、棉纱擦净。贴墙裙应凸出墙面 5mm，上口线要平直。

（9）勾缝

对所铺贴的砖面层，应进行自检，如发现空鼓、不平、不直的毛病，应立即返工。然后用清水将砖面冲洗干净，用棉纱擦净。用长毛刷蘸粥状素水泥浆（与砖颜色一致）擦缝，应擦均匀、密实，以防渗水。最后清洁砖面。釉面砖嵌缝，可以采用水∶水泥＝1∶2，现在较为流行的方法是使用专用勾缝剂。之后也必须彻底清洁面层。嵌缝的水泥浆料采用何种矿物料调配，应根据设计决定。

【任务评价】

1. 质量标准

（1）主控项目

1）饰面砖的品种、规格、图案颜色和性能应符合设计要求。

检验方法：观察；检查产品合格证书、进场验收记录、性能检测报告和复验报告。

2）饰面砖粘贴工程的找平、防水、粘结和勾缝材料及施工方法应符合设计要求及国家现行产品标准和工程技术标准的规定。

检验方法：检查产品合格证书、复验报告和隐蔽工程验收记录。

3）饰面砖粘贴必须牢固。

检验方法：检查样板间粘结强度检测报告和施工记录。

4）满粘法施工的饰面砖工程应无空鼓、裂缝。

检验方法：观察；用小锤轻击检查。

（2）一般项目

1）饰面砖表面应平整、洁净、色泽一致，无裂痕和缺损。

检验方法：观察。

2）阴阳角处搭接方式、非整砖使用部位应符合设计要求。

检验方法：观察。

3）墙面突出物周围的饰面砖应整砖套割吻合，边缘应整齐。墙裙、贴脸突出墙面的厚度应一致。

检验方法：观察；尺量检查。

4）饰面砖接缝应平直、光滑，填嵌应连续、密实；宽度和深度应符合设计要求。

检验方法：观察；尺量检查。

5）有排水要求的部位应做滴水线（槽）。滴水线（槽）应顺直。流水坡向应正确，坡度应符合设计要求。

检验方法：观察；用水平尺检查。

6）饰面砖粘贴的允许偏差和检验方法应符合表 2-2 的规定。

饰面砖粘贴的允许偏差和检验方法　　　　　　表 2-2

项次	项　目	允许偏差（mm）		检　验　方　法
		外墙面砖	内墙面砖	
1	立面垂直度	3	2	用 2m 垂直检测尺检查
2	表面平整度	4	3	用 2m 靠尺和塞尺检查
3	阴阳角方正	3	3	用直角检测尺检查
4	接缝直线度	3	2	拉 5m 线，不足 5m 拉通线，用钢直尺检查
5	接缝高低差	1	0.5	用钢直尺和塞尺检查
6	接缝宽度	1	1	用钢直尺检查

【任务练习】

1. 饰面板安装的施工方法主要有哪些？

2. 饰面板安装前的施工准备工作主要包括哪些？

3. 简述内墙贴面砖的施工方法。

2.2.2　外墙贴面砖施工

【学习目标】

1. 能够根据实际工程合理进行外墙体贴面工程施工准备。

2. 掌握外墙体贴面砖施工工艺流程。

3. 能正确使用检测工具对外墙体贴面砖施工质量进行检查验收。

4. 能够进行安全、文明施工。

【任务描述】

外墙贴面砖工艺流程如下：

基层处理→吊垂直、套方、找规矩→贴灰饼→抹底层砂浆→弹线分格→排砖→浸砖→镶贴面砖→面砖勾缝与擦缝。

【相关知识】

（1）主体结构施工完，并通过验收后方可进行施工。

（2）外架子（高层多用吊篮或吊架）应提前支搭和安装好，多层房屋最好选用双排架子或桥架，其横竖杆及拉杆等应离开墙面和门窗角 150～200mm。架子的步高和支搭要符合施工要求和安全操作规程。

（3）阳台栏杆、预留孔洞及排水管等应处理完毕，门窗框要固定好，隐蔽部位的防腐、填嵌应处理好，并用 1:3 水泥砂浆将缝隙塞严实；铝合金、塑料门窗、不锈钢门等框边缝所用嵌塞材料及密封材料应符合设计要求，且应塞堵密实，并事先粘贴好保护膜。

（4）墙面基层清理干净，脚手眼、窗台、窗套等事先应使用与基层相同的材料砌堵好。

（5）按面砖的尺寸、颜色进行选砖，并分类存放备用。

（6）大面积施工前应先放大样，并做出样板墙，确定施工工艺及操作要点，并向施工人员做好交底工作。样板墙完成后必须经质检部门鉴定合格后，还要经过设计、甲方和施工单位共同认定验收，方可组织班组按照样板墙壁要求施工。

【任务准备】

（1）材料准备

1）强度等级为 32.5 级以上的矿渣水泥或普通硅酸盐水泥。应有出厂证明或复验合格报告，若出厂日期超过三个月而且水泥已结有小块的不得使用；白水泥应为强度等级为 32.5 级以上的，并符合设计和规范质量标准的要求。

2）砂：粗中砂，用前过筛，其他应符合规范的质量标准。

3）面砖：面砖的表面应光洁、方正、平整、质地坚固，其品种、规格、尺寸、色泽、图案应均匀一致，必须符合设计规定。不得有缺棱、掉角、暗痕和裂纹等缺陷。其性能指标均应符合现行国家标准的规定，釉面砖的吸水率不得大于 10%。

4）石灰：用块状生石灰淋制，必须用孔径 3mm×3mm 的筛网过滤，并储存在沉淀池中。熟化时间，常温下不少于 15d；用于罩面灰，不少于 30d，石灰内不得有未熟化的颗粒和其他物质。

5）生石灰粉：磨细生石灰粉，其细度应通过 4900 孔/cm² 筛子，用前应用水浸泡，其时间不少于 3d。

6）粉煤灰：细度过 0.08mm 筛，筛余量不大于 5%；界面剂胶和矿物颜料：按设计要求配合比，其质量应符合规范标准。

7）粘贴面砖所用水泥、砂、胶粘剂等材料均应进行复验，合格后方可使用。

（2）机具准备

砂浆搅拌机、瓷砖切割机、磅秤、钢板、孔径 5mm 筛子、窗纱筛子、手推车、大桶、小水桶、平锹、木抹子、大杠、中杠、小杠、靠尺、方尺、铁制水平尺、灰槽、灰勺、毛刷、钢丝刷、笤帚、签子、锤子、米线包、小白线、擦布或棉丝、钢片开刀、小灰铲、勾缝溜子、勾缝托灰板、托线板、线坠、盒尺、钉子、红铅笔、钢丝、工具袋等。

【任务实施】

（1）基体为混凝土墙面时的操作方法

1）基层处理：将凸出墙面的混凝土剔平，对大钢模施工的混凝土墙面应凿毛，并用钢丝刷满刷一遍，清除干净，然后浇水湿润；对于基体混凝土表面很光滑的，可采取"毛化处理"办法。即先将表面尘土、污垢清扫干净，用 10% 火碱水将板面的油污刷掉，随之用净水将碱液冲净、晾干，然后用水泥砂浆内掺水率 20% 的界面剂胶，用扫帚将砂浆甩到墙上，其甩点要均匀，终凝后浇水养护，直至水泥浆疙瘩全部粘到混凝土光面上，并有较高的强度为止。

2）吊垂直、套方、找规矩、贴灰饼、冲筋：高层建筑物应在四大角和门窗口边用经纬仪打垂直线找直；多层建筑物，可从顶层开始用特制的大线坠绷低碳钢丝吊垂直，然后根据面砖的规格尺寸分层设点、做灰饼，间距1.6m。横向水平线以楼层为水平基准线交圈控制，竖向垂直线以四周大角和通天柱或墙垛子为基准线控制，应全部是整砖。阳角处要双面排直。每层打底时，应以此灰饼作为基准底层灰做到横平竖直。同时要注意找好凸出檐口、腰线、窗台等饰面的流水坡度和滴水线（槽）。

3）抹底层砂浆：先刷一道掺水率10%的界面剂胶水泥素浆，打底应分层分遍进行抹底层砂浆（常温时采用配合比为1：3水泥砂浆），第一遍厚度宜为5mm，抹后用木抹子搓平、扫毛，待第一遍六至七成干时，即可抹第二遍，厚度约为8～12mm，随即用木杠刮平、木抹子搓毛，终凝后洒水养护。砂浆总厚不得超过20mm，否则应做加强处理。

4）弹线分格：待基层灰六至七成干时，即可按图纸要求进行分段分格弹线，同时也可进行面层贴标准点的工作，以控制面层出墙尺寸及垂直、平整。

5）排砖：根据大样图及墙面尺寸进行横竖向排砖，以保证面砖缝隙均匀，符合设计图纸要求，注意大墙面、通天柱子和垛子要排整砖，以及在同一墙面上的横竖排列，均不得有一行以上的非整砖。非整砖行应排在次要部位，如窗间墙或阴角处等，但也要注意一致和对称。如遇有凸出的卡件，应用整砖套割吻合，不得用非整砖随意拼凑镶贴。外墙面砖一般都为离缝镶贴，可通过调整分格缝的尺寸（一个墙面分格缝尺寸应统一）来保证不出现非整砖。

6）选砖、浸泡：釉面砖和外墙面砖镶贴前，应挑选颜色、规格一致的砖；浸泡砖时，将面砖清扫干净，放入净水中浸泡2h以上，取出待表面晾干或擦干净后方可使用。

7）粘贴面砖：粘贴应自上而下进行。高层建筑采取措施后，可分段进行。在每一分段或分块内的面砖，均为自下而上镶贴。从最下一层砖下皮的位置线先稳好靠尺，以此托住第一皮面砖。在面砖背面宜采用水泥：白石灰：砂=1：0.2：2的混合砂浆镶贴，砂浆厚度为6～10mm，贴上后用灰铲柄轻轻敲打，使之附线，再用钢片开刀调整竖缝，并用小杠通过标准点调整平面和垂直度。

另外也可用胶粉来粘贴面砖，其厚度为2～3mm，用此种做法其基层灰必须更平整。

女儿墙压顶、窗台、腰线等部位平面也要镶贴面砖时，除流水坡度符合设计要求外，应采取顶面砖压立面面砖的做法，预防向内渗水，引起空裂；同时还应采取立面中最低一排面砖必须压底平面面砖，并低出底平面面砖3～5mm的做法，让其起滴水线（槽）的作用。

8）面砖勾缝与擦缝：面砖铺贴拉缝时，用1：1水泥砂浆勾缝或采用勾缝胶，先勾水平缝再勾竖缝，勾好后要求凹进面砖外表面2～3mm。若横竖缝为干挤缝，或小于3mm者，应用白水泥配颜料进行擦缝处理。面砖缝子勾完后，用布或棉丝蘸稀盐酸擦洗干净。

(2) 基体为砖墙面时的操作方法

1) 基层处理：抹灰前，墙面必须清扫干净，浇水湿润。

2) 吊垂直、套方、找规矩：大墙面和四角、门窗口边弹线找规矩，必须由顶层到底一次进行，弹出垂直线，并决定面砖出墙尺寸，分层设点、做灰饼。横线则以楼层为水平基线交圈控制，竖向线则以四周大角和通天垛、柱子为基准线控制。每层打底时则以此灰饼作为基准点进行冲筋，使其底层灰横平竖直。同时要注意找好突出檐口、腰线、窗台、雨篷等饰面的流水坡度。

3) 抹底层砂浆：先把墙面浇水湿润，然后用1：3水泥砂浆刮一道约5～6mm厚，紧跟着用同强度等级的灰与所冲的筋抹平，随即用木杠刮平，木抹搓毛，隔天浇水养护。

(3) 基层为加气混凝土时，可酌情选用下述两种方法中的一种

1) 用水湿润加气混凝土表面，修补缺棱掉角处。修补前，先刷一道聚合物水泥浆，然后用水泥，白灰膏：砂子＝1：3：9混合砂浆分层补平，隔天刷聚合物水泥浆并抹1：1混合砂浆打底，木抹子搓平，隔天养护。

2) 用水湿润加气混凝土表面，在缺棱掉角处刷聚合物水泥浆一道，用1：3：9混合砂浆分层补平，待干燥后，钉金属网一层并绷紧。在金属网上分层抹1：1：6混合砂浆打底（最好采取机械喷射工艺），砂浆与金属网应结合牢固，最后用木抹子轻轻搓平，隔天浇水养护。

【任务评价】

1. 质量标准

(1) 主控项目

1) 饰面砖的品种、规格、图案颜色和性能应符合设计要求。

检验方法：观察；检查产品合格证书、进场验收记录、性能检测报告和复验报告。

2) 饰面砖粘贴工程的找平、防水、粘结和勾缝材料及施工方法应符合设计要求及国家现行产品标准和工程技术标准的规定。

检验方法：检查产品合格证书、复验报告和隐蔽工程验收记录。

3) 饰面砖粘贴必须牢固。

检验方法：检查样板间粘结强度检测报告和施工记录。

4) 满粘法施工的饰面砖工程应无空鼓、裂缝。

检验方法：观察；用小锤轻击检查。

(2) 一般项目

1) 饰面砖表面应平整、洁净、色泽一致，无裂痕和缺损。

检验方法：观察。

2) 阴阳角处搭接方式、非整砖使用部位应符合设计要求。

检验方法：观察。

3) 墙面突出物周围的饰面砖应整砖套割吻合，边缘应整齐。墙裙、贴脸突出墙面的厚度应一致。

检验方法：观察；尺量检查。

4）饰面砖接缝应平直、光滑，填嵌应连续、密实；宽度和深度应符合设计要求。

检验方法：观察；尺量检查。

5）有排水要求的部位应做滴水线（槽）。滴水线（槽）应顺直。流水坡向应正确，坡度应符合设计要求。

检验方法：观察；用水平尺检查。

【任务练习】

1. 外墙贴砖前的施工准备工作主要包括哪些？
2. 简述外墙贴面砖的施工方法。

2.2.3 墙体贴陶瓷马赛克（玻璃马赛克）施工

马赛克又称锦砖，由各种形状、片状的小瓷砖拼成各种图案贴于牛皮纸上，也称陶瓷锦砖。陶瓷锦砖分无釉、上釉两种，其质地坚硬，经久耐用，耐酸、耐碱、耐磨，不渗水，吸水率小，是优良的室内外墙面（或地面）饰面材料。

玻璃马赛克是用玻璃烧制而成的小块贴于纸板而成的材料。其特点是质地坚硬，性能稳定，表面光滑，耐大气腐蚀，耐热、耐冻、不龟裂。其背面呈凹形有线条，四周有八字形斜角，使其与基层砂浆结合牢固。

【学习目标】

1. 能够根据实际工程合理进行墙体贴陶瓷马赛克（玻璃马赛克）施工准备。
2. 掌握陶瓷马赛克（玻璃马赛克）施工工艺流程。
3. 能正确使用检测工具对陶瓷马赛克（玻璃马赛克）施工质量进行检查验收。
4. 能够进行安全、文明施工。

【任务描述】

墙体贴陶瓷马赛克构造示意图见图 2-3。

墙体贴陶瓷马赛克施工工艺流程如下：

基层处理→吊垂直、套方、找规矩→贴灰饼→抹底子灰→弹控制线→贴陶瓷马赛克→揭纸、调缝→擦缝。

（1）根据设计图纸要求，按照建筑物各部位的具体做法和工程量，事先挑选出颜色一致、同规格的陶瓷马赛克，分别堆放并保管好。

（2）预留孔洞及排水管等应处理完毕，门窗框、扇要固定好，并用 1:3 水泥砂浆将缝隙堵塞严密。铝合金、塑钢等门窗框边缝所用嵌缝材料应符合设计要求，且堵塞密实，并事先粘贴好保

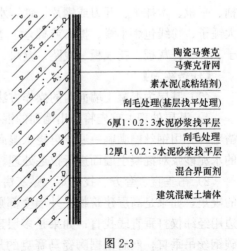

陶瓷马赛克
马赛克背网
素水泥(或粘结剂)
刮毛处理(基层找平处理)
6厚1:0.2:3水泥砂浆找平层
刮毛处理
12厚1:0.2:3水泥砂浆找平层
混合界面剂
建筑混凝土墙体

图 2-3

护膜。

（3）脚手架或吊篮提前支搭好，选用双排架子，其横竖杆及拉杆等应距离门窗口角 150～200mm。架子的步高要符合施工要求。

（4）墙面基层要清理干净，脚手眼堵好。

（5）大面积施工前应先做样板，样板完成后，必须经质检部门鉴定合格后，还要经过设计单位、甲方、施工单位共同认定验收后，方可组织班组按样板要求施工。

【任务准备】

（1）技术准备

编制室内外墙面贴陶瓷马赛克工程施工方案，并对工人进行书面技术及安全交底。

（2）材料准备

1）水泥：强度等级为不小于 32.5 级的普通硅酸盐水泥或矿渣硅酸盐水泥。应有出厂证明或复试单，若出厂超过三个月，应按试验结果使用。

2）白水泥：强度等级为 32.5 级的白水泥。

3）砂：粗砂或中砂，用前过筛，其他应符合规范的质量标准。

4）陶瓷马赛克：应表面平整，颜色一致，每张长宽规格一致，尺寸正确，边裱整齐，一次进场。马赛克脱纸时间不得大于 40 分钟。

5）石灰膏：应用块状生石灰淋制，淋制时必须用孔径不大于 3mn×3mm 的筛过滤，并贮存在沉淀池中。

6）生石灰粉：抹灰用的石灰膏可用磨细生石灰粉代替，其细度应通过 4900 孔/cm² 筛。用于罩面时，熟化时间不应小于 3d。

7）纸筋：用白纸筋或草纸筋，使用前三周应用水浸透捣烂。使用时宜用小钢磨磨细。

（3）机具准备

砂浆搅拌机、手提石材切割机、磅秤、钢板、孔径 5mm 筛子、手推车、大桶、平锹、木抹子、开刀或钢片、铁制水平尺、方尺、大杠、灰槽、灰勺、毛刷、大锤子、粉线包、小线、擦布或棉丝、老虎钳子、小铲、小型台式砂轮、勾缝溜子、勾缝托灰板、托线板、线坠、盒尺、钉子、低碳钢丝、工具袋等。

【任务实施】

（1）基层为混凝土墙面时的操作方法

1）基层处理：首先将凸出墙面的混凝土剔平，对大钢模施工的混凝土墙面应凿毛，并用钢丝刷满刷一遍，再浇水湿润，并用水泥∶砂∶界面剂＝1∶0.5∶0.5 的水泥砂浆对混凝土墙面进行拉毛处理。

2）吊垂直、套方、找规矩、贴灰饼：根据墙面结构平整度找出贴陶瓷马赛克的规矩，如果是高层建筑物在外墙全部贴陶瓷马赛克时，应在四周大角和门窗口边用经纬仪打垂直线找直；如果是多层建筑，可从顶层开始用特制的大线坠绷低碳钢丝吊垂直，然后根据陶瓷马赛克的规格、尺寸分层设点、做灰饼。横线则以楼层为水平基线交圈控制，竖向线则以四周大角和层间贯通柱、垛子为基线控制。每层打底时则以此灰饼为基准点进行冲筋，使其底层灰横平竖直、方正。同时要注意找好突出栅口、腰线、窗台、雨篷等饰面的流水坡度和滴水线，坡度应小于3%。其深宽不小于10mm，并整齐一致，而且必须是整砖。

3）抹底子灰：底子灰一般分两次操作，抹头遍水泥砂浆，其配合比为1∶2.5或1∶3并掺20%水的界面剂胶，薄薄的抹一层，用抹子压实。第二次用相同配合比的砂浆按冲筋抹平，用短杠刮平，低凹处事先填平补齐，最后用木抹子搓出麻面。底子灰抹完后，隔天浇水养护。

4）弹控制线：贴陶瓷马赛克前应放出施工大样控制线，在弹水平线时，应计算陶瓷马赛克的块数，按总高度均分，可根据设计与陶瓷马赛克的品种、条。但要注意同一墙面不得有一排以上的非整砖。根据具体高度弹出若干条水平控制线使两线之间保持整砖数。如分格须规格定出缝子宽度，再加工分格并应将其镶贴在较隐蔽的部位。

5）贴陶瓷马赛克：镶贴应自上而下进行。高层建筑采取措施后，可分段进行。在每一分段或分块内的陶瓷马赛克，均为自下向上镶贴。贴陶瓷马赛克时底灰要浇水润湿，并在弹好水平线的下口上支上一根垫尺，一般三人为一组进行操作。一人浇水润湿墙面，先刷上一道素水泥浆，再抹2～3mm厚的混合灰粘结层。其配合比为纸筋∶石灰膏∶水泥=1∶1∶2，也可采用1∶0.3水泥纸筋灰，用靠尺板刮平，再用抹子抹平；另一人将陶瓷马赛克铺在木托板上，缝子里灌上1∶1水泥细砂灰，用软毛刷子刷净麻面，再抹上薄薄一层灰浆。然后一张一张递给另一人，将四边灰刮掉，两手执住陶瓷马赛克上面，在已支好的垫尺上由下往上贴，缝子对齐，要注意按弹好的横竖线贴。

6）揭纸、调缝：贴完陶瓷马赛克的墙面，要一手拿拍板，靠在贴好的墙面上，一手拿锤子对拍板满敲一遍，然后将陶瓷马赛克上的纸用刷子刷上水，约等20～30min便可开始揭纸。揭开纸后检查缝子大小是否均匀，如出现歪斜、不正的缝子，应顺序拨正贴实，先横后竖、拨正拨直为止。

7）擦缝：粘贴后48h，先用抹子把近似陶瓷马赛克颜色的擦缝水泥浆摊放在需擦缝的陶瓷马赛克上，然后用刮板将水泥浆往缝子里刮满、刮实、刮严。再用麻丝和擦布将表面擦净。遗留在缝里的浮砂可用潮湿干净的软毛刷轻轻带出，如清洗饰面时，应待勾缝材料硬化后方可进行。起出米厘条的缝子要用1∶1水泥砂浆勾严勾平，再用擦布擦净。外墙应选用抗渗性能勾缝材料。

（2）基层为砖墙墙面时

1）基层处理：抹灰前墙面必须清理干净，检查窗台窗套和腰线等处，对损坏和松动的部分要处理好，然后浇水润湿墙面。

2）吊垂直、套方、找规矩：同基层为混凝土墙面做法。

3）抹底子灰：底子灰一般分两次操作，第一次抹薄薄的一层，用抹子压实，水泥砂浆的配合比为1∶3，并掺水20%的界面剂胶；第二次用相同配合比的砂浆按冲筋线抹平，用短杠刮平，低凹处事先填平补齐，最后用木抹子搓出麻面。底子灰抹完后，隔天浇水养护。

4）面层做法同基层为混凝土墙面的做法。

（3）基层为加气混凝土墙面时，可酌情选用下述两种方法中的一种。

1）其中一种是用水湿润加气混凝土表面，修补缺棱掉角处。修补前，先刷一道聚合物水泥浆，然后用水泥：石灰膏：砂＝1：3：9混合砂浆分层补平，隔天刷聚合物水泥浆，并抹1：1：6混合砂浆打底，木抹子搓平，隔天浇水养护。

2）另一种是用水湿润加气混凝土表面，在缺棱掉角处刷聚合物水泥浆一道，用1：3：9混合砂浆分层补平，待干燥后，钉金属网一层并绷紧。在金属网上分层抹1：1：6混合砂浆打底，砂浆与金属网应结合牢固，最后用木抹子轻轻搓平，隔天浇水养护。

3）其他做法同混凝土墙面。

【任务评价】

（1）质量标准

1）陶瓷马赛克的品种、规格、图案、颜色和性能应符合设计要求。

检验方法：观察；检查产品合格证书、进场验收记录、性能检测报告和复验报告。

2）陶瓷马赛克粘贴工程的找平、防水、粘结和勾缝材料及施工方法应符合设计要求及国家现行产品标准和工程技术标准的规定。

检验方法：检查产品合格证书、复验报告和隐蔽工程验收记录。

3）陶瓷马赛克粘贴必须牢固。

检验方法：检查样板间粘结强度检测报告和施工记录。

4）满粘法施工的陶瓷马赛克工程应无空鼓、裂缝。

检验方法：观察；用小锤轻击检查。

（2）验收方法

1）陶瓷马赛克表面应平整、洁净、色泽一致，无裂痕和缺损。

检验方法：观察。

2）阴阳角处搭接方式、非整砖使用部位应符合设计要求。

检验方法：观察。

3）墙面突出物周围的陶瓷马赛克应整砖套割吻合，边缘应整齐。墙裙、贴脸突出墙面的厚度应一致。

检验方法：观察；尺量检查。

4）陶瓷马赛克接缝应平直、光滑、填嵌应连续、密实；宽度和深度应符合设计要求。

检验方法：观察；尺量检查。

5）有排水要求的部位应做滴水线（槽）。滴水线（槽）应顺直，流水坡向应正确，坡度应符合设计要求。

检验方法：观察；用水平尺检查。

贴陶瓷锦砖的允许偏差见表2-3。

项次	项 目		允许偏差（mm）	检 查 方 法
1	立面垂直	室内	2	用 2m 托线板和尺量检查
	立面垂直	室外	3	用 2m 托线板和尺量检查
2	表面平整		2	用 2m 靠尺和塞尺检查
3	阳角方正		2	用 20cm 方尺和塞尺检查
4	接缝平直		2	拉 5m 小线和尺量检查
5	墙裙上口平直		2	拉 5m 小线和尺量检查
6	接缝高低	室内	0.5	用钢板短尺和塞尺检查
	接缝高低	室外	1	

【任务练习】

1. 陶瓷马赛克（玻璃马赛克）的施工方法主要有哪些？
2. 陶瓷马赛克（玻璃马赛克）的施工准备工作主要包括哪些？
3. 简述陶瓷马赛克（玻璃马赛克）的施工方法。

2.2.4 天然石材饰面施工（湿作业法）

【项目概述】

天然石材饰面工程就是将天然的块料镶贴于基层表面形成装饰层。天然石材饰面板种类繁多，主要包括：天然花岗石板材、天然大理石板材和文化石等。

天然石材饰面板施工工艺有湿作业法、干挂法。

天然石材饰面板的传统湿作业法材料费用低，但工序多，操作较复杂，饰面层自重大，表面易泛碱，而且易造成粘结不牢，表面接搓不平等弊病，仅适用于墙面高度不大于 10m 的多、高层建筑首层外墙或内墙面的装饰。直接粘贴法一般适用于石材饰面板厚度不大于 10mm 的情况，一般也仅适用于墙面高度不大于 6m 的多、高层建筑首层外墙或内墙面的装饰。干挂法一般适用于钢筋混凝土外墙或有钢骨架的外墙饰面，不能用于砖墙或加气混凝土墙的饰面。这里着重介绍干挂法施工工艺。用此工艺做成的饰面，在风力和地震力的作用下允许产生适当的变位，以吸收部分风力和地震力，而不致出现裂纹和脱落。当风力、地震力消失后，石材也随结构而复位。该工艺与传统的湿作业工艺比较，免除了灌浆工序，可缩短施工周期，减轻建筑物自重，提高抗震性能，更重要的是有效地防止灌浆中的盐碱等色素对石材的渗透污染，提高其装饰质量和观感效果。此外，由于季节性室外温差变化引起的外饰面胀缩变形，使饰面板可能脱落。这种工艺可有效地防止饰面板脱落伤人事故的发生。

【学习目标】

1. 能够根据实际工程合理进行墙体天然石材饰面工程湿作业法施工准备。
2. 掌握墙体天然石材饰面湿作业法施工工艺流程。
3. 能正确使用检测工具对墙体天然石材饰面湿作业法施工质量进行检查

项目 2 墙体装饰工程

33

验收。

4. 能够进行安全、文明施工。

【任务描述】

天然石材饰面施工（湿作业法）构造示意见图 2-4。

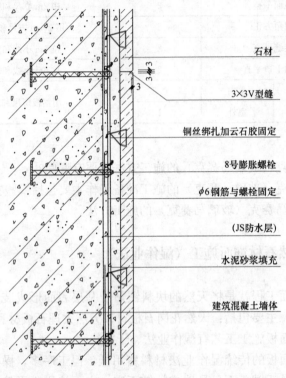

图 2-4

薄型小规格块材（边长小于 40cm）工艺流程：

基层处理→吊垂直、套方、找规矩、贴灰饼→抹底层砂浆→弹线→分格→石材刷防护剂→排块材→镶贴块材→表面勾缝与擦缝。

普通型大规格块材（边长大于 40cm）工艺流程：

施工准备（钻孔、剔槽）穿铜丝或镀锌钢丝与块材固定→吊垂直、找规矩、弹线→绑扎→固定钢丝网→石材刷防护剂→安装石材→分层灌浆→擦缝。

【相关知识】

（1）办理好结构验收，水电、通风、设备安装等应提前完成，准备好加工饰面板所需的水、电源等。

（2）内墙面弹好 50cm 水平线。

（3）脚手架或吊篮提前支搭好，宜选用双排架子（室外高层宜采用吊篮，多层可采用桥式架子等），其横竖杆及拉杆等应离开门窗口角 150～200mm。架子步高要符合施工规程的要求。

（4）有门窗套的必须把门框、窗框立好，同时要用 1∶3 水泥砂浆将缝隙堵塞严密。铝合金门窗框边缝所用嵌缝材料应符合设计要求，且塞堵密实并事先粘贴好保护膜。

（5）大理石、磨光花岗石等进场后应堆放于室内，下垫方木，核对数量、规格，并预铺、配花、编号等，以备正式铺贴时按号取用。

（6）大面积施工前应先放出施工大样，并做样板，经质检部门鉴定合格后，还要经过设计单位、甲方、施工单位共同认定验收，方可组织班组按样板要求施工。

（7）对进场的石料应进行验收，颜色不均匀时应进行挑选，必要时进行试拼编号。

【任务准备】

（1）材料准备

1）水泥：强度等级为 32.5 级以上的普通硅酸盐水泥应有出厂证明、试验单，若出厂超过三个月应按试验结果使用。

2）白水泥：强度等级为 32.5 级的白水泥。

3）砂：粗砂或中砂，用前过筛。

4）大理石、磨光花岗石：按照设计图纸要求的规格、颜色等备料，但表面不得有隐伤、风化等缺陷，不宜用易褪色的材料包装。

5）其他材料：如熟石膏、铜丝或镀锌钢丝、铅皮、硬塑料板条、配套挂件；尚应配备适量与大理石或磨光花岗石等颜色接近的各种石渣和矿物颜料；胶合填塞饰面板缝隙的专用塑料软管等。

（2）机具准备

石材切割机、手提石材切割机、角磨机、电锤、手电钻、电焊机、磅秤、钢板、半截大桶、小水桶、铁簸箕、平锹、手推车、塑料软管、胶皮碗、喷壶、合金钢钻头、操作支架、台钻、铁制水平尺、方尺、靠尺板、底尺、托线板、线坠、粉线包、高凳、木楔子、小型台式砂轮、裁改大理石用砂轮、全套裁割机、开刀、灰板、木抹子、铁抹子、细钢丝刷、扫帚、大小锤子、小白线、钢丝、擦布或棉丝、老虎钳子、小铲、盒尺、钉子、红铅笔、毛刷、工具袋等。

【任务实施】

（1）薄型小规格块材可采用粘贴方法。

1）进行基层处理和吊垂直、套方、找规矩，其他可参见镶贴面砖施工要点有关部分。要注意同一墙面不得有一排以上的非整材，并应将其镶贴在较隐蔽的部位。

2）在基层湿润的情况下：先刷胶界面剂素水泥浆一道，随刷随打底；底灰采用 1：3 水泥砂浆，厚度约 12mm，分二遍操作，第一遍约 5mm，第二遍约 7mm，待底灰压实刮平后，将底子灰表面划毛。

3）石材表面处理：石材表面充分干燥（含水率应小于 8％）后，用石材防护剂进行石材六面体防护处理，此工序必须在无污染的环境下进行，将石材平放于木方上，用羊毛刷蘸上防护剂，均匀涂刷于石材表面，涂刷必须到位，第一遍涂刷完间隔 24h 后用同样的方法涂刷第二遍石材防护剂，如采用水泥或胶粘剂固定，间隔 48h 后对石材粘结面用专用胶泥进行拉毛处理，拉毛胶泥凝固硬化后方可使用。

4）待底子灰凝固后便可进行分块弹线，随即将已湿润的块材抹上厚度为 2～3mm 的素水泥浆，内掺水重 20% 的界面剂进行镶贴，用木锤轻敲，用靠尺找平找直。

（2）大规格块材：边长大于 40cm，镶贴高度超过 1m 时，可采用如下安装方法。

1）钻孔、剔槽：安装前先将饰面板按照设计要求用台钻打眼，事先应钉木架使钻头直对板材上端面，在每块板的上、下两个面打眼，孔位打在距板宽的两端 1/4 处，每个面各打两个眼，孔径为 5mm，深度为 12mm。如大理石、磨光花岗石，板材宽度较大时，可以增加孔数。钻孔后用云石机轻轻剔一道槽，深 5mm 左右，连同孔眼形成象鼻眼，以备埋卧铜丝之用。若饰面板规格较大，如下端不好拴绑镀锌钢丝或铜丝时，亦可在未镶贴饰面的一侧，采用手提轻便小薄砂轮，按规定在板高的 1/4 处上、下各开一槽（槽长约 3～4cm，槽深约 12mm，与饰面板背面打通，竖槽一般居中，亦可偏外，但以不损坏外饰面和不反碱为宜），可将镀锌钢丝或铜丝卧入槽内，便可拴绑与钢筋网固定。此法亦可直接在镶贴现场做。

2）穿铜丝或镀锌钢丝

把备好的铜丝或镀锌钢丝剪成长 20cm 左右，一端用木楔粘环氧树脂将铜丝或镀锌钢丝在孔内固定牢固，另一端将铜丝或镀锌钢丝顺孔槽弯曲并卧入槽内，使大理石或磨光花岗石板上、下端面没有铜丝或镀锌钢丝突出，以便和相邻石板接缝严密。

3）绑扎钢筋：首先剔出墙上的预埋筋，把墙面镶贴大理石的部位清扫干净。先绑扎一道竖向 φ6 钢筋，并把绑好的竖筋用预埋筋弯压于墙面。横向钢筋为绑扎大理石或磨光花岗石板材所用，如板材高度为 60cm 时，第一道横筋在地面以上 10cm 处与主筋绑牢，用做绑扎第一层板材的下口固定铜丝或镀锌钢丝。第二道横筋绑在 50cm 水平线上 7～8cm，比石板上口低 2～3cm 处，用于绑扎第一层石板上口固定铜丝或镀锌钢丝，再往上每 60cm 绑一道横筋即可。

4）弹线：首先将要贴大理石或口光花岗石的墙面、柱面和门窗套用大线坠从上至下找出垂直。应考虑大理石或花岗石板材厚度、浇筑砂浆的空余和钢筋网所占尺寸，一般大理石、磨光花岗石外皮距结构面的厚度应以 5～7cm 为宜。找出垂直后，在地面上顺墙弹出大理石或磨光花岗石等外廓尺寸线。此线即为第一层大理石或花岗石等的安装基准线。编好号的大理石或花岗石板等在弹好的基准线上画出就位线，如设计要求拉开缝，则按设计规定留出缝隙。

5）石材表面处理：石材表面充分干燥（含水率应小于 8%）后，用石材防护剂进行石材六面体防护处理，此工序必须在无污染的环境下进行，将石材平放于木方上，用羊毛刷刷防护剂，均匀涂刷于石材表面。涂刷必须到位，第一遍涂刷完间隔 24h 后用同样的方法涂刷第二遍石材防护剂，如采用水泥或胶粘剂固定，间隔 48h 后对石材粘结面用专用胶泥进行拉毛处理，拉毛胶泥凝固硬化后方可使用。

6）基层准备：清理预做饰面石材的结构表面，同时进行吊直、套方、找规矩，弹出垂直线水平线，并根据设计图纸和实际需要弹出安装石材的位置线和分块线。

7）安装大理石或磨光花岗石：按部位取石板并舒直铜丝或镀锌钢丝，将石板就位，石板上口外仰，右手伸入石板背面，把石板下口铜丝或镀锌钢丝绑扎在横筋上。绑扎时不要太紧，只要把铜丝或镀锌钢丝和横筋拴牢即可，把石板竖起，便可绑大理石或磨光花岗石板上口铜丝或镀锌钢丝，并用木楔子垫稳，块材与基层间的缝隙一般为30～50mm。用靠尺板检查调整木楔，再拴紧铜丝或镀锌钢丝，依次向另一方进行。柱面可按顺时针方向安装，一般先从正面开始。第一层安装完毕再用靠尺板找垂直，水平尺找平整，方尺找阴阳角方正，在安装石板时如发现石板规格不准确或石板之间的空隙不符，应用铅皮垫牢，使石板之间缝隙均匀一致，并保持第一层石板上口的平直。找完垂直、平直、方正后，调制熟石膏，把调成粥状的石膏贴在大理石或磨光花岗石板上下之间，使这二层石板结成一整体，木楔处亦可粘贴石膏，再用靠尺检查有无变形，等石膏硬化后方可灌浆。

8）灌浆：把配合比为1∶2.5水泥砂浆放入大桶中加水调成粥状，用铁簸箕舀浆徐徐倒入，分层灌注。注意不要碰大理石，边灌边用橡皮锤轻轻敲击石板面使灌入砂浆排气。每次灌注高度一般为20～30cm，不能超过石板高度的1/3，待初凝后再继续灌浆，直至距上口5～10cm停止。然后将上口临时固定的石膏剔掉，清理干净缝隙，再安装第二片板材。第一层灌浆很重要，因要锚固石板的下口铜丝又要固定饰面板，所以要轻轻操作，防止碰撞和猛灌。如发生石板外移错动，应立即拆除重新安装。

9）擦缝：全部石板安装完毕后，清除所有石膏和余浆痕迹，用麻布擦洗干净，按石板颜色调制色浆嵌缝，边嵌边擦干净，使缝隙密实、均匀、干净、颜色一致。

【任务评价】

（1）主控项目

1）石材的品种、规格、颜色和性能应符合设计要求。

检验方法：观察；检查产品合格证书、进场验收记录和性能检测报告。

2）石材孔、槽的数量、位置和尺寸应符合设计要求。

检验方法：检查进场验收记录和施工记录。

3）石材安装工程的预埋件（或后置埋件）、连接件的数量、规格、位置、连接方法和防腐处理必须符合设计要求。后置埋件的现场拉拔强度必须符合设计要求。饰面板安装必须牢固。

检验方法：手扳检查；检查进场验收记录、现场拉拔检测报告、隐蔽工程验收记录和施工记录。

（2）一般项目

1）石材表面应平整、洁净、色泽一致，无裂痕和缺损。石材表面应无泛碱等污染。

检验方法：观察。

2）饰面板嵌缝应密实、平直，宽度和深度应符合设计要求，嵌填材料色泽应一致。

检验方法：观察；用钢直尺检查。

3）采用湿作业法施工的饰面板工程，石材应进行防碱背涂处理。饰面板与基体之间的灌注材料应饱满、密实。

检验方法：用小锤轻击检查；检查施工记录。

4）石材饰面板上的孔洞应套割吻合，边缘应整齐。

检验方法：观察。

（3）质量关键要求

1）清理预做饰面石材的结构表面，施工前认真按照图纸尺寸，核对结构施工实际情况，同时进行吊直、套方、找规矩，弹出垂直线水平线，控制点要符合要求，并根据设计图纸和实际需要弹出安装石材的位置线和分块线。

2）冬期施工时，应做好防冻保温措施，以确保砂浆不受冻。其室外温度不得低于5℃，但寒冷天气不得施工，防止空鼓、脱落和裂缝。

（4）成品保护

1）要及时清擦干净残留在门窗框、玻璃和金属饰面板上的污物，宜粘贴保护膜，预防污染、锈蚀。

2）认真贯彻合理施工顺序，其他工种的活应做在前面，防止损坏、污染石材饰面板。

3）拆改架子和上料时，严禁碰撞石材饰面板。

4）饰面完活后，易破损部分的棱角处要钉护角保护，其他工种操作时不得划伤和碰坏石材。

5）在刷罩面剂未干燥前，严禁下渣土和翻架子脚手板等。

6）已完工的石材饰面应做好成品保护。

（5）安全环保措施

1）操作前检查脚手架和跳板是否搭设牢固，高度是否满足操作要求，合格后才能上架操作，凡不符合安全之处应及时修整。

2）禁止穿硬底鞋、拖鞋、高跟鞋在架子上工作，架子上工人不得集中在一起，工具要搁置稳定，以防止坠落伤人。

3）在两层脚手架上操作时，应尽量避免在同一垂直线上工作。必须同时作业时，下层操作人员必须戴安全帽，并应设置防护措施。

4）脚手架严禁搭设在门窗、散热器、水暖等管道上；禁止搭设飞跳板；严禁从高处往下乱投东西。

5）夜间临时用的移动照明灯，必须用安全电压。机械操作人员须经培训持证上岗，现场一切机械设备，非机械操作人员一律禁止乱动。

6）材料必须符合环保要求，无污染。

7）雨后、春暖解冻时应及时检查外架子，防止沉陷，出现险情。

8）外架必须满搭安全网，各层设围栏。出入口应搭设人行通道。

【任务练习】

1. 天然石材饰面工程的施工方法主要有哪些？

2. 天然石材饰面工程（湿作业法）的施工准备工作主要包括哪些？

3. 天然石材饰面工程（湿作业法）的施工方法？

2.2.5 天然石材饰面施工（干挂法）

【学习目标】

1. 能够根据实际工程合理进行墙体天然石材饰面工干挂法施工准备。

2. 掌握墙体天然石材饰面干挂法施工工艺流程。

3. 能正确使用检测工具对墙体天然石材饰面干挂法施工质量进行检查验收。

4. 能够进行安全、文明施工。

【任务描述】

墙面干挂石材构造见图 2-5。

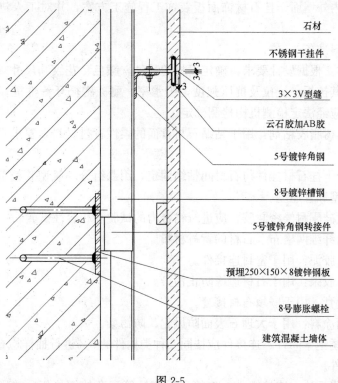

图 2-5

墙面干挂石材施工工艺流程如下：

结构尺寸的检验→清理结构表面→结构上弹出垂直线→大角挂两竖直钢丝→临时固定上层墙板→钻孔插入膨胀螺栓→镶不锈钢固定件→镶顶层墙板→挂水平位置线→支底层板托架→放置底层板用其定位→调节与临时固定→嵌板缝密封

胶→饰面板刷二层面剂→灌 M20 水泥砂浆→设排水管→结构钻孔并插固定螺栓→镶不锈钢固定件→用胶粘剂灌下层墙板上孔→插入连接钢针→将胶粘剂灌入上层墙板的下孔内。

【相关知识】

（1）检查石材的质量、规格、品种、数量、力学性能和物理性能是否符合设计要求，并进行表面处理工作，同时应符合现行行业标准（天然石材产品放射性防护分类控制标准）。

（2）搭设双排架子或吊篮处理。

（3）水电及设备、墙上预留预埋件已安装完。垂直运输机具均事先准备好。

（4）外门窗已安装完毕，安装质量符合要求。

（5）对施工人员进行技术交底时，应强调技术措施、质量要求和成品保护，进行施工前应先做样板，经质检部门鉴定合格后，方可组织班组施工。

（6）安装系统隐蔽项目已经验收。

【任务准备】

（1）技术准备

编制室内外墙面干挂石材饰面板装饰工程施工方案，并对工人进行书面技术及安全交底。

（2）材料准备

1）石材：根据设计要求，确定石材的品种、颜色、花纹和尺寸规格，并严格控制、检查其抗折、抗拉及抗压强度，吸水率、耐冻融循环等性能。花岗石板材的弯曲强度应经法定检测机构检测确定。

2）合成树脂胶粘剂：用于粘贴石材背面的柔性背衬材料，要求具有防水和耐老化性能。

3）用于干挂石材挂件与石材间粘结固定，用双组分环氧型胶粘剂，按固化速度分为快固型和普通型。

4）中性硅酮耐候密封胶，应进行粘合力的试验和相容性试验。

5）玻璃纤维网格布：石材的背衬材料。

6）防水胶泥：用于密封连接件。

7）防污胶条：用于石材边缘防止污染。

8）嵌缝膏：用于嵌填石材接缝。

9）饰面涂料：用于大理石表面防风化、防污染。

10）不锈钢紧固件、连接件应按同一种类构件的 5% 进行抽样检查，且每种构件不少于 5 件。

11）膨胀螺栓、连接铁件、连接不锈钢针等配套的钢垫板、垫圈、螺母及与骨架固定的各种设计和安装所需要的连接件的质量，必须符合要求。

（3）机具准备

石材切割机、手提石材切割机、角磨机、电锤、手电钻、电焊机、台钻、无齿切割锯、冲击钻、手枪钻、力矩扳手、开口扳手、嵌缝枪、专用手推车、长卷尺、各种形状钢凿子、靠尺、水平尺、多用刀、剪子、钢丝、弹线用的粉线包、墨斗、小白线、扫帚、铁锹、开刀、灰槽、灰桶、工具袋、手套、红铅笔等。

【任务实施】

1）工地收货：收货要设专人负责管理，要认真检查材料的规格、型号是否正确，与料单是否相符，发现石材颜色明显不一致的，要单独码放，以便退还给厂家。如有裂纹、缺棱掉角的，要修理后再用，严重的不得使用。还要注意石材堆放地要夯实，垫10cm×10cm通长方木，让其高出地面8cm以上，每块石材之间要用塑料薄膜隔开靠紧码放，防止粘在一起和倾斜。

2）石材表面处理：石材表面充分干燥（含水率应小于8％）后，用石材护理剂进行石材六面体防护处理，此工序必须在无污染的环境下进行。将石材平放于木方上，用羊毛刷刷上防护剂，均匀涂刷于石材表面，涂刷必须到位，第一遍涂刷完间隔2h、后用同样的方法涂刷第二遍石材防护剂，间隔48h后方可使用。

3）石材准备：首先用比色法对石材的颜色进行挑选分类；安装在同一面的石材颜色应一致，并根据设计尺寸和图纸要求，将专用模具固定在台钻上，进行石材打孔。为保证位置准确垂直，要钉一个定型石材托架，使石板放在托架上，要打孔的面与钻头垂直，使孔成型后准确无误，孔深为22～23mm，孔径为7～8mm，钻头为5～6mm。随后在石材背面刷不饱和树脂胶，主要采用一布二胶的做法，布为无碱、无捻24目的玻璃丝布，石板在刷头遍胶前，先把编号写在石板上，并将石板上的浮灰及杂污清除干净，如铁锈、铁沫子，用钢丝刷将其除掉再刷胶，胶要随用随配，防止固化后造成浪费。要注意边角地方一定要刷好，特别是打孔部位是薄弱区域，必须刷到。布要铺满，刷完头遍胶，在铺贴玻璃纤维网格布时要从一边用刷子赶平，铺平后再刷二遍胶，刷子沾胶不要过多，防止流到石材小面给嵌缝带来困难，出现质量问题。

4）基层准备：清理预做饰面石材的结构表面，同时进行吊直、套方、找规矩，弹出垂直线、水平线，并根据设计图纸和实际需要弹出安装石材的位置线和分块线。

5）挂线：按设计图纸要求，石材安装前要事先用经纬仪打出大角两个面的竖向控制线，最好弹在离大角20cm的位置上，以便随时检查垂直挂线的准确性，保证顺利安装。竖向挂线宜用钢丝，下边沉铁随高度而定，一般40m以下高度沉铁重量为8～10kg，上端挂在专用的挂线角钢架上，角钢架用膨胀螺栓固定在建筑大角的顶端，一定要挂在牢固、准确、不易碰到的地方，并要注意保护和经常检查。并在控制线的上、下作出标记。

6）支底层饰面板托架：把预先加工好的支托按上平线支在将要安装的底层石板上面。支托要支承牢固，相互之间要连接好，也可和架子接在一起，支架安好后，顺支托方向铺通长的50mm厚木板，木板上口要在同一水平面上，以保证石材上下面处在同一水平面上。

7）在围护结构上打孔、下膨胀螺栓：在结构表面弹好水平线，按设计图纸及石材钻孔位置，准确地弹在围护结构墙上并做好标记，然后按点打孔，打孔可使

41

用冲击钻，打孔时先在预先弹好的点上凿一个点，然后用钻打孔，孔深在 60～80mm。若遇结构层中的钢筋时，可以将孔位在水平方向移动或向上抬高，要连接铁件时利用可调余量调回。成孔要求与结构表面垂直，成孔后把孔内的灰粉用小勾勺掏出，安放膨胀螺栓。宜将本层所需的膨胀螺栓全部安装就位。

8）上连接铁件：用设计规定的不锈钢螺栓固定角钢和平钢板。调整平钢板的位置，使平钢板的小孔正好与石板的插入孔对正，固定平钢板，用力矩扳手拧紧。

9）底层石材安装：把侧面的连接铁件安好，便可把底层面板靠角上的一块就位。方法是用夹具暂时固定，先将石材侧孔抹胶，调整铁件，插固定钢针，调整面板固定。依次按顺序安装底层面板，待底层面板全部就位后，检查各板水平是否在一条线上，如有高低不平的要进行调整；低的可用木楔垫平；高的可轻轻适当退出木楔，退出到面板上口在一条水平线上为止；先调整好面板的水平与垂直度，再检查板缝，板缝宽应按设计要求，板缝均匀，将板缝嵌紧被衬条，嵌缝高度要高于 25cm，其后用 1：2.5 白水泥配制的砂浆，灌于底层面板内 20cm 高，砂浆表面上设排水管。

10）石板上孔抹胶及插连接钢针：把 1：1.5 的白水泥环氧树脂倒入固化剂、促进剂，用小棒将配好的胶抹入孔中，再把长 40mm 的连接钢针通过平板上的小孔插入直至面板孔，上钢针前检查其有无伤痕，长度是否满足要求，钢针安装要保证垂直。

11）调整固定：面板暂时固定后，调整水平度。如板面上口不平，可在板底的一端下口的连接平钢板上垫一相应的双股铜丝垫，若铜丝粗，可用小锤砸扁；若偏高，可把另一端下口用以上方法垫一下。调整垂直度，并调整面板上口的不锈钢连接件的距墙空隙，直至面板垂直。

12）顶部面板安装：顶部最后一层面板除了一般石材安装要求外，安装调整后，在结构与石板缝隙里吊一通长 20mm 厚木条，木条上表面距石板上口 250mm，吊点可设在连接铁件上，可采用钢丝吊木条。木条吊好后，即在石板与墙面之间的空隙里塞放聚苯板，聚苯板条要略宽于空隙，以便填塞严实，防止灌浆时漏浆，造成蜂窝、孔洞等。灌浆至石板口下 20mm 作为压顶盖板之用。

13）贴防污条、嵌缝：沿面板边缘贴防污条，应选用宽 1cm 左右的纸带型不干胶带，边沿要贴齐、贴严，在大理石板间缝隙处嵌弹性泡沫填充（棒）条，填充（棒）条嵌好后离装修面 5mm，最后在填充（棒）条外用嵌缝枪把中性硅胶打入缝内。打胶时用力要均，走枪要稳而慢。如胶面不太平顺，可用不锈钢小勺刮平，小勺要随用随擦干净，嵌底层石板缝时，要注意不要堵塞流水管。根据石板颜色可在胶中加适量矿物质颜料。

14）清理大理石、花岗石表面，刷罩面剂：把大理石、花岗石表面的防污条揭掉，用棉丝将石板擦净，若有胶或其他粘结牢固的杂物，可用开刀轻轻铲除，用棉丝蘸丙酮擦至干净。在刷革面剂之前，应掌握和了解天气，阴雨天和 1 级以上风天不得施工，防止污染漆膜；冬、雨季可在避风条件好的室内操作，刷在板块上。罩面剂按配合比在刷前半小时兑好，注意区别底漆和面漆，最好分阶段操作。配制罩面剂要搅匀，防止成膜时不均匀，涂刷要用羊毛刷，沾漆不宜过多，防止流挂，尽量少回刷，以免有刷痕，要求无气泡、不漏刷，平整而有光泽。

【任务评价】

1）清理预做饰面石材的结构表面，施工前认真按照图纸尺寸，核对结构施工的实际情况，同时进行吊直、套方、找规矩，弹出垂直线、水平线，控制点要符合要求，并根据设计图纸和实际需要弹出安装石材的位置线和分块线。

2）与主体结构连接的预埋件应在结构施工时按设计要求埋设。预埋件应牢固，位置准确。应根据设计图纸进行复查。当设计无明确要求时，预埋件标高差不应大于 10mm，位置差不应大于 20mm。

3）面层与基底应安装牢固；粘贴用料、干挂配件必须符合设计要求和国家现行有关标准的规定。

4）石材表面平整、洁净；拼花正确、纹理清晰通顺，颜色均匀一致；非整板部位安排适宜，阴阳角处的板压向正确。

5）缝格均匀，板缝通顺，接缝填嵌密实，宽窄一致，无错台错位。大理石、花岗石允许偏差见表 2-4。

大理石、花岗石允许偏差（单位：mm）   表 2-4

项目	允许偏差		检 验 方 法
	大理石	花岗石	
立面垂直	2	2	用 2m 托线板及尺量检查
表面平整	1	1	用 2m 靠尺及塞尺检查
阳角方正	2	2	用角尺及塞尺检查
接缝平直	2	2	拉 5m 线及尺量检查
墙裙上口平直	2	2	拉 5m 线及尺量检查
接缝高低	0.3	0.5	拉 5m 线及尺量检查
接缝宽度偏差	0.5	0.5	拉 5m 线及尺量检查

【任务练习】

1. 天然石材饰面工程的施工方法主要有哪些？
2. 天然石材饰面工程（干挂法）的施工准备工作主要包括哪些？
3. 天然石材饰面工程（干挂法）的施工方法有哪些？

2.2.6 木质饰面板材饰面施工

【学习目标】

1. 能够根据实际工程合理进行墙体木质饰面板材饰面工程施工准备。
2. 掌握墙体木质饰面板材饰面工程施工工艺流程。
3. 能正确使用检测工具对墙体木质饰面板材饰面工程施工质量进行检查验收。
4. 能够进行安全、文明施工。

【任务描述】

墙体木质饰面板材饰面构造示意见图 2-6。

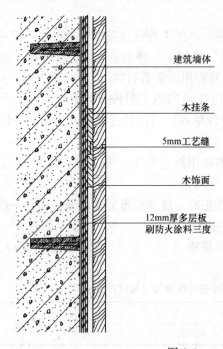

建筑墙体

木挂条

5mm工艺缝

木饰面

12mm厚多层板
刷防火涂料三度

图 2-6

墙体木质饰面板材饰面工程工工艺流程如下：

找线定位→核查预埋件及洞口→铺涂防潮层→ 龙骨配制与安装→钉装面板。

【相关知识】

1) 安装木护墙、木筒子板处的结构面或基层面，应预埋好木砖或铁件。

2) 木护墙、木筒子板的骨架安装，应在安装好门窗口、窗台板以后进行，钉装面板应在室内抹灰及地面做完后进行。

3) 木护墙、木筒子板龙骨应在安装前将铺面板面刨平，其余三面刷防腐剂。

4) 施工机具设备在使用前安装好，接通电源，并进行试运转。

5) 施工项目的工程量大且较复杂时，应绘制施工大样图，并应先做出样板，经检验合格，才能大面积进行作业。

【任务准备】

(1) 材料准备

1) 木材的树种、材质等级、规格应符合设计图纸要求及有关施工、验收规范的规定。

2) 龙骨料一般用红、白松烘干料，含水率不大于12%，材质不得有腐朽、超断面 1/3 的节疤、壁裂、扭曲等疵病，并预先经防腐处理。

3) 面板一般采用胶合板（切片板或旋片板），厚度不小于 3mm（也可采用其他贴面板材），颜色、花纹要尽量相似。用原木材作面板时，含水率不大于12%，板材厚度不小于15mm；要求拼接的板面、板材厚度不少于20mm，且要求纹理顺直、颜色均匀、花纹近似，不得有节疤、裂缝、扭曲、变色等疵病。

4）辅料

① 防潮卷材：油纸、油毡，也可用防潮涂料。

② 胶粘剂、防腐剂：乳胶、氟化钠（纯度应在75％以上，不含游离氟化氢和石油沥青）。

③ 钉子：长度规格应是面板厚度的2～2.5倍；也可用射钉。

（2）机具准备

1）电动机具：小台锯、小台刨、手电钻、射枪。

2）手持工具：木刨子（大、中、小）、槽刨、木锯、细齿、刀锯、斧子、锤子、平铲、冲子、螺丝刀、方尺、割角尺、小钢尺、靠尺板、线坠、墨斗等。

【任务实施】

1）找位与划线：木护墙、木筒子板安装前，应根据设计图要求，先找好标高、平面位置、竖向尺寸，进行弹线。

2）核查预埋件及洞口：弹线后检查预埋件、木砖是否符合设计及安装的要求，主要检查排列间距、尺寸、位置是否满足钉装龙骨的要求；量测门窗及其他洞口位置、尺寸是否方正垂直，与设计要求是否相符。

3）铺、涂防潮层：设计有防潮要求的木护墙、木筒子板，在钉装龙骨时应压铺防潮卷材，或在钉装龙骨前进行涂刷防潮层的施工。

4）龙骨配制与安装：局部木护墙龙骨，根据房间大小和高度，可预制成龙骨架，整体或分块安装。全高木护墙龙骨，首先量好房间尺寸，根据房间四角和上下龙骨的位置，将四框龙骨找位，钉装平直，然后按设计龙骨间距要求钉装横竖龙骨。木护墙龙骨间距，设计无要求时，一般横龙骨间距为400mm，竖龙骨间距为500mm。如面板厚度在15mm以上时，横龙骨间距可扩大到450mm。

木龙骨安装必须找方、找直，骨架与木砖间的空隙应垫以木垫，每块木垫至少用两个钉子钉牢，在装钉龙骨时预留出板面厚度。

5）钉装面板：面板选色配纹，全部进场的面板材，使用前按同房间临近部位的用量进行挑选，使安装后从观感上木纹、颜色近似一致。面板安装前，对龙骨位置、平直度、钉设牢固情况，防潮构造要求等进行检查，合格后进行安装。

面板配好后进行试装，面板尺寸、接缝、接头处构造完全合适，木纹方向、颜色的观感尚可的情况下，才能进行正式安装。面板接头处应涂胶与龙骨钉牢，钉固面板的钉子规格应适宜，钉长约为面板厚度的2～2.5倍，钉距一般为100mm，钉帽应砸扁，并用尖冲子将针帽顺木纹方向冲入面板表面下1～2mm。

6）钉贴脸：贴脸料应进行挑选、花纹、颜色应与框料、面板近似。贴脸规格尺寸、宽窄、厚度应一致，接挂应顺平无错槎。

【任务评价】

（1）主控项目

1）胶合板、贴脸板等材料的品种、材质等级、含水率和防腐措施，必须符合设计要求和施工及验收规范的规定。

2）细木制品与基层或木砖镶钉必须牢固，无松动。

（2）一般项目

1）制作；尺寸正确，表面平直光滑，棱角方正，线条顺直，不露钉帽，无戗槎、刨痕、毛刺和锤印。

2）安装：位置正确，割角整齐、交圈，接缝严密，平直通顺，与墙面紧贴，出墙尺寸一致。木质饰面板材安装允许偏差见表 2-5。

木质饰面板材安装允许偏差　　　　　　　　　表 2-5

项次	项目	允许偏差（mm）	检查方法
1	上口平直	3	拉 5m 线尺量检查
	垂直	2	吊线坠尺量检查
	表面平整	1.5	用 1m 靠尺检查
	压缝条间距	2	尺量检查
	垂直	2	吊线坠尺量检查
2	筒子板表面平整	1	用靠尺检查

【任务练习】

1. 木质饰面板材饰面工程的作业条件主要有哪些？

2. 木质饰面板材饰面工程的施工准备工作主要包括哪些？

3. 木质饰面板材饰面工程的施工方法有哪些？

任务 2.3　墙体涂料装饰施工

【任务概述】

墙面涂料是指用于建筑墙面起装饰和保护，使建筑墙面美观整洁，同时也能够起到保护建筑墙面，延长其使用寿命的作用。墙面涂料按建筑墙面分类包括内墙涂料和外墙涂料两大类。

内墙涂料的主要功能是装饰和保护室内墙面（包括天花板），使其美观整洁，让人们处在愉悦的居住环境中。内墙涂料使用环境条件比外墙涂料好，因此在耐候性、耐水性、耐沾污性和涂膜耐温变性等方面要求较外墙涂料要低；就性能来说，外墙涂料可用于内墙，而内墙涂料不能用于外墙，但内墙涂料在环保性方面要求往往比外墙涂料高。

外墙涂料是施涂于建筑物外立面或构筑物的涂料。其施工成膜后，涂膜长期暴露在外界环境中，须经受日晒雨淋、冻融交替、干湿变化、有害物质侵蚀和空气污染等，要保持久的保护和装饰效果，即有一个比较长久的使用寿命，外墙涂料必须具备一定的性能。

墙面涂料除了本身的装饰和保护作用外，也在向丰富多彩、时尚、健康环保的趋势发展。人们希望装饰效果流光溢彩、美轮美奂、高贵典雅、浪漫、温馨；也更希望材料本身无污染、健康环保，个性而又富有立体感。

2.3.1 外墙涂料施工

【学习目标】

1. 能够根据实际工程合理进行外墙涂料工程施工准备。
2. 掌握外墙涂料工程施工工艺流程。
3. 能正确使用检测工具对外墙涂料工程施工质量进行检查验收。
4. 能够进行安全、文明施工。

【任务描述】

外墙涂料施工工艺流程如下：

基层清理→修补腻子→第一遍满刮腻子→第二遍满刮腻子→弹分色线→刷第一道涂料→刷第二道涂料→刷第三道涂料。

【相关知识】

1）抹灰和混凝土基层的质量要求应符合相关验收规范的要求。

2）不论抹灰层还是混凝土表面层，不得沾有污物，不得有裂缝或起壳。

3）墙面起壳、裂缝、脚手支撑点应补平修正，按要求清除墙面一切残浆、垃圾、油污。

4）大面积墙面宜做分格处理，分格条应用质硬挺拔的材料制成。

5）外墙抹灰面层两侧应做挡水端，檐口、窗过梁底必须做滴水线，女儿墙顶部、阳台板顶部抹灰面泛水应向内侧倾斜。

6）大多数的外墙涂料，对施工保养条件都要求较高。施工保养温度高于5℃，环境湿度低于85%，保证成膜良好。低温将引起外墙涂料膜粉化开裂等问题，环境湿度大使涂料膜长时间不干，并最终导致成膜不良。外墙施工必须考虑天气因素，在涂刷前12h不能下雨，保证基层干燥；涂刷后，24h不能下雨，避免涂料膜被雨水冲坏。

【任务准备】

（1）材料准备

1）外墙涂料

可以分为如下几种：外墙高光乳胶漆、外墙自洁乳胶漆、外墙浮雕涂料、外墙仿石涂料、溶剂型外墙涂料、外墙氟碳树脂涂料、外墙弹性防水乳胶漆、外墙薄抹灰涂料、外墙橘皮花纹涂料、外墙罩光涂料等。

其中，溶剂型外墙涂料的优点：生产简易，施工方便，涂膜光泽高；缺点：要求墙面特别平整，否则易暴露不平整的缺陷；有溶剂污染；适用范围：工业厂房。乳液型外墙涂料的优点：品种多，无污染，施工方便；缺点：光泽差，耐沾污性能较差，是通用型外墙涂料。复层外墙涂料的优点：喷瓷型外观，高光泽，有防水性，立体图案；缺点：施工较复杂，价格较高；适用范围：建筑等级较高的外墙。砂壁状外墙涂料的优点：仿石型外观；缺点：耐沾污性差，施工干燥期长；适用范围：仿石型外墙。氟碳树脂涂料、水性氟碳涂料与一般的涂料产品相比具有更好的耐久性、耐酸性、耐化学腐蚀性、耐热性、耐寒性、自熄性、不粘性、自润滑性、抗辐射性等优良特性，享有"涂料王"的盛誉。

外墙涂料根据装饰效果的质感还可分为以下四类：

① 浮雕涂料：浮雕涂料涂饰后，其花纹呈现凹凸状，并富有立体感、质感。

② 彩砂涂料：彩砂涂料是以石英砂、瓷粒、云母粉为主要原材料的。其涂饰后的效果是色泽新颖、晶莹绚丽。

③ 厚质涂料：厚质涂料可喷、可滚、可拉毛，其涂料施工后，亦能做出不同质感的花纹。

④ 薄质涂料：薄质涂料涂饰施工后，其效果质感细腻，用料较省，亦可用于内墙涂饰。

选择涂料时应注意：

外墙涂料种类繁多，各厂家产品各有优劣，选择时注意以下几方面：

① 按建筑装饰部位来决定。在人流量较大场所，所选用的涂料应具备良好的耐老化性、耐污染性、耐水性、保色性和较强的附着性。在一般房产和人流较少的场所，选用的涂料应具有一般的防火、防霉、防沾污、易刷洗的性能。

② 按建筑物的地理位置和气候特点选择。炎热多雨的南方所用涂料要有好的耐水性，还应有好的防霉性，否则霉菌很快繁殖会使涂料失去装饰效果。可首先选用当地生产的防潮、防霉涂料。严寒的北方对涂料的耐冻融性和低温施工性能有着较高的要求。雨期施工应选择干燥迅速并具有较好耐水性的涂料。

③ 按装修标准选择涂料。一般装修可选用中档产品，或施工工艺较简单的普通涂料。对于高级装修可以选用高档涂料，并采用三道成活的施工工艺，使面层涂膜具有较好的耐水性、耐沾污性和耐维修性，从而达到较好的装饰效果。

④ 选择外墙涂料时还应备注使用寿命、涂刷面积、耐洗刷次数等指标。

外墙涂料的质量必须符合相关规范的要求。

2）填充料：大白粉、滑石粉、石膏粉、光油、清油、地板黄、红土子、黑烟子、立德粉、羧甲基纤维素、聚醋酸乙烯乳液等。

3）稀释剂：汽油、煤油、松香水、酒精、醇酸稀料等与油漆性能相应配套的稀料。

4）各色颜料：应耐碱、耐光。

（2）机具准备

1）脚手架：脚手架必须离被喷涂墙面 30～40cm，靠墙不要有横杆，墙体不能有脚手眼。宜用吊篮、架桥等。

2）空压机：功率 5kW 以上，气量充足，压力 0.5～1.0MPa，能满足三人以上同时施工，能自动控制压力。

3）喷枪：上壶喷枪，容量 500mL，口径 1.3mm 以上，口径不能太大，操作不便，口径小，则施工速度慢，不宜大面积施工。

4）各种口径喷嘴为 4、5、6、8mm 等，口径越小则喷涂越平整均匀；口径大则花点越大，凹凸感越强。

5）喷枪一套。

6）橡胶管：氧气管 8mm。

7）毛刷、滚筒、铲刀若干。

8）遮挡用工具：塑料布、纤维板、图钉、胶带。

【任务实施】

外墙涂装顺序要先上后下，从屋顶、檐槽、柱顶、横梁和椽子到墙壁、门窗和底板。其中每一部分也须自上而下依次涂刷。在涂刷每一部位时，中途不能停顿，如果不得不停下来，也要选择结构上原有的连接部位，如端面与窗框衔接处。这样就能避免复杂的接缝。在涂刷格板时要分两步，先刷格板的底部，然后刷向阳部位。同时刷几块格板时，移动梯子，依次进行，涂刷过程中动作要快，并不时地在已干和未干的接合部位来回刷几下，以避免留下层叠或接缝。

（1）基层清理

将表面上的灰渣等杂物清理干净，用扫帚将墙面浮土扫净。外墙建筑涂料必须涂装在良好的基层上，基层应清洁干燥和牢固。水泥墙面保养至少 1 个月（冬季 7 周）以上，湿度低于 6%，木材表面湿度低于 10%；墙面无渗水、无裂缝等结构问题。没有粉化松脱物，旧墙面没有松动的漆皮。没有油脂、霉、藻和其他粘附物。墙面出现尘土、粉末、霉菌等问题时可用高压水冲洗，墙面出现油脂时使用中性洗涤剂清洗；墙面出现灰浆时用铲、刮刀等除去。基层一般需批刮腻子找平处理。腻子宜薄刷而不宜厚刷。对腻子的要求除了易刷，易打磨外，还应具备较好的强度、粘结持久性及耐水性。

1）白灰或砂浆墙面如表面已经压实平整，可不刮腻子，但要用 0～2 号砂纸打磨，磨光时注意不得破坏原基层。如不平整仍需批刮腻子找平处理。

2）混凝土墙面，因存有水气泡孔，必须批刮腻子用配好的腻子在墙面批刮二遍，第一遍应注意把水气泡孔、砂眼、塌陷不平的地方刮平；第二遍腻子要注意找平大面，然后用 0～2 号砂纸打磨。

3）旧墙面油污之处，应铲除或用洗涤剂刷洗干净。对旧墙面应清除浮灰，铲除起砂翘皮等部位。对清理好的墙面，用腻子批刮两遍，以使整个墙面平整光洁。第一遍可用稠腻子嵌缝洞，第二遍可用 108 胶水溶液加滑石粉调成稀腻子找平大面。然后用 0～2 号砂纸打磨，该砂纸可夹在手提式电动打磨机上进行打磨操作。

（2）修补腻子

用石膏腻子将墙面磕碰处、麻面、缝隙等处找补好，干燥后用砂纸将凸出处磨掉。

（3）第一遍满刮腻子

满刮一遍腻子，干燥后用砂纸将墙面的腻子残渣、斑迹磨平磨光，然后将墙面清扫干净。

（4）第二遍满刮腻子（高级涂料）

腻子配合比与操作方法与第一遍腻子相同。干燥后个别地方再复补腻子，个别大孔洞可复补石膏腻子，干燥后用砂纸打磨平整、清扫干净。

（5）弹分色线

如墙面有分色线应在涂刷油漆前弹线。

（6）刷第一道涂料

可刷底涂，它是一种遮盖力强的涂料，先刷浅色涂料后刷深色涂料。以盖底、不流淌，不显刷痕为宜。刷每面墙的顺序应从上到下，从左到右，不应乱刷以免漏刷或涂刷过厚，不匀。

涂料常见的施工方法有以下几种：

1）刷涂

刷涂是以人工使用一些特制的毛刷进行涂饰施工的一种方法。其具有工具简单，操作简易、施工条件要求低、适用性广等优点。除少数流平性差或干燥太快的涂料不宜采用刷涂外，大部分薄质涂料和厚质涂料均可采用。但刷涂生产效率低、涂膜质量不易控制，不宜用于面积很大的表面。刷涂的顺序是先左后右，先上后下，先难后易，先边后面。一般是二道成活，高中级装饰可增加1～2道刷涂。刷涂的质量要求是薄厚均匀，颜色一致，无漏刷、流淌和刷纹，涂层丰富。

2）滚涂

滚涂是利用软毛辊（羊毛或人造毛），花样辊进行施工。该种方法具有设备简单操作方便、工效高、涂饰效果好等优点。滚涂的顺序基本与刷涂相同，先将沾有涂料的毛辊按倒W形滚动，把涂料大致滚在墙面上，将毛辊在坡的上下左右平稳来回滚动，使涂料均匀滚开，最后再用毛辊按一定的方向滚动一遍。阴角及上、下口一般需事先用刷子刷涂。滚花时，花样辊应从左至右、从下向上进行操作。不够一个辊长的应留在最后处理，待滚好的墙面花纹干后，再用纸遮盖进行补滚。滚涂的质量要求是涂膜薄厚均匀、平整光滑、不流挂、不漏底；花纹图案完整清晰、匀称一致、颜色协调。

3）喷涂

喷涂是利用喷枪（或喷斗）将涂料喷于基层上的机械施涂方法。其特点是外观质量好，工效高，适于大面积施工，可通过调整涂料的钻度、喷嘴口径大小及喷涂压力获得平壁状、颗粒状或凹凸花纹状的涂层。喷涂的压力一般控制在0.3～0.8MPa，喷涂时出料口应与被喷涂面保持垂直，喷枪移动速度均匀一致，喷枪嘴与被喷涂面的距离应控制在400～600mm。喷涂行走路线可视施工条件按横向、竖向或S形往返进行。喷涂时应先喷涂门、窗口等附近，后喷大面，一般二遍成活，但喷涂复层涂料的主涂料时应一遍成活。喷涂面的搭接宽度应控制在喷涂宽的1/3左右。喷涂的质量要求为厚度均匀，平整光滑，不出现露底、皱纹、流挂、针孔、气泡和失光现象。

4）弹涂

弹涂是借助专用的电动或手动的弹涂器，将各种顺色的涂料弹到饰面基层上，形成直径 2～8mm，大小近似，颜色不同，互相交错的圆粒状色点或深浅色点相间的彩色涂层。需要压平或轧花的，可待色点两成干后轧压，然后罩面处理。弹涂饰面层粘结能力强，可用于各种基层，获得牢固、美观、立体感强的涂饰面层。弹涂首先要进行封底处理，可采用丙烯酸无光涂料刷涂，面干后弹涂色点浆。色点浆采用外墙厚质涂料，也可用外墙涂料和顺料现场调制。弹色点可进行 1～3道，特别是第二、三道色点直接关系到饰面的立体质感效果，色点的重合度以不超过 60％为宜。弹涂器内的涂料量不宜超过料斗容积的 1/3。弹涂方向为自上而下呈圆环状进行，不得出现接搓现象。弹涂器与墙面的距离一般为 250～350mm，主要视料斗内涂料的多少而定，距离随涂料的减少而渐近，使色点大小保持均匀一致。

施工完毕后，工具须即刻清洗，否则涂料干结后，会损坏工具；剩余涂料保持清洁，密闭封存。

【任务评价】

（1）一般规定

1）涂饰工程验收时应检查下列文件和记录：

① 涂饰工程的施工图、设计说明及其他设计文件。

② 材料的产品合格证书、性能检测报告和进场验收记录。

③ 施工记录。

2）各分项工程的检验批应按下列规定划分：

① 室外涂饰工程每一栋楼的同类涂料涂饰的墙面每 500～1000m²，应划分为一个检验批，不足 500m² 也应划分为一个检验批。

② 室内涂饰工程同类涂料涂饰墙面每 50 间（大面积房间和走廊按涂饰面积 30m² 为一间）应划分为一个检验批，不足 50 间也应划分为一个检验批。

3）检查数量应符合下列规定：

① 室外涂饰工程每 100m，应至少检查一处，每处不得小于 10m²。

② 室内涂饰工程每个检验批应至少抽查 10％，并不得少于 3 间；不足 3 间时应全数检查。

4）涂饰工程的基层处理应符合下列要求：

① 新建筑物的混凝土或抹灰层基层在涂饰涂料前应涂刷抗碱封闭底漆。

② 旧墙面在涂饰涂料前应清除疏松的旧装修层，并涂刷界面剂。

③ 混凝土或抹灰基层涂刷溶剂型涂料时，含水率不得大于 8％；涂刷乳液型涂料含水率不得大于 10％。木材基层的含水率不得大于 12％。

④ 基层腻子应平整、坚实、牢固，无粉化、起皮和裂缝。

⑤ 厨房、卫生间墙面必须使用耐水腻子。

5）水性涂料涂饰工程施工的环境温度应在 5～35℃之间。

6）涂饰工程应在涂层养护期满后进行质量验收。

（2）水性涂料涂饰工程质量验收标准

1）主控项目

① 水性涂料涂饰工程所用涂料的品种、型号和性能应符合设计要求。

检验方法：检查产品合格证书、性能检测报告和进场验收记录。

② 水性涂料涂饰工程的颜色、图案应符合设计要求。

检验方法：观察。

③ 水性涂料涂饰工程应涂饰均匀、粘结牢固，不得漏涂、透底、起皮和掉粉。

检验方法：观察；手摸检查。

④ 水性涂料涂饰工程的基层处理应符合一般规定中的要求。

检验方法：观察；手摸检查；检查施工记录。

2) 一般项目

① 薄涂料的涂饰质量和检验方法应符合相关的规定。

② 涂层与其他装修材料和设备衔接处应吻合，界面应清晰。

检验方法：观察。

（3）溶剂型涂料涂饰工程质量验收标准

1) 主控项目

① 溶剂型涂料涂饰工程所选用涂料的品种、型号和性能应符合设计要求。

检验方法：检查产品合格证书、性能检测报告和进场验收记录。

② 溶剂型涂料涂饰工程的颜色、光泽、图案应符合设计要求。

检验方法：观察。

③ 溶剂型涂料涂饰工程应涂饰均匀、粘结牢固，不得漏涂、透底、起皮和反锈。

检验方法：观察；手摸检查。

④ 溶剂型涂料涂饰工程的基层处理应符合一般规定的要求。

检验方法：观察；手摸检查；检查施工记录。

2) 一般项目

① 色漆的涂饰质量和检验方法应符合相关规定。

③ 涂层与其他装修材料和设备衔接处应吻合，界面应清晰。

检验方法：观察。

（4）成品保护

1) 涂刷墙面涂料时，不要污染和损坏地面、踢脚、阳台、窗台、门窗及玻璃等已完的工程。

2) 最后一道涂料涂刷完，空气要流通，以防涂料膜干燥后表面无光或光泽不足。

3) 涂刷时远离明火，明火不要靠近墙面，以免弄脏墙面。

4) 涂料未干前，周围环境干净，不应打扫地面等，防止灰尘沾污墙面涂料。

（5）安全环保措施

1) 油漆施工前，应检查脚手架、马凳等是否牢固。

2) 涂料施工前应集中工人进行安全教育，并进行书面交底。

3）施工现场严禁设油漆材料仓库，场外的涂料仓库应有足够的消防设施。

4）施工现场应有严禁烟火安全标语，现场应设专职安全员监督保证施工现场无明火。

5）每天收工后应尽量不剩油漆材料，不准乱倒，应收集后集中处理。废弃物（如废油桶、油刷、棉纱等）按环保要求分类消纳。

6）现场清扫设专人洒水，不得有扬尘污染。打磨粉尘用湿布擦净。

7）施工现场周边应根据噪声敏感区域的不同，选择低噪声设备或其他措施，同时应按国家有关规定控制施工作业时间。

8）涂刷作业时操作工人应佩戴相应的劳动保护设施如：防毒面具、口罩、手套等，以免危害工人的肺、皮肤等。

9）严禁在民用建筑工程室内用有机溶剂清洗施工用具。

10）涂料使用后，应及时封闭存放，废料应及时清出室内，施工时室内应保证良好通风，但不宜是过堂风。

（6）施工质量通病的防治

1）涂料流坠

产生原因是涂料太稀，涂刷过厚干燥太慢，施工环境温度过高，墙面不平整或有油、水等污物。防治方法是选择挥发性适当的稀释剂，墙面应清理干净表面没有油污。环境温度适当，涂刷均匀一致。

2）透底

产生原因是刷涂料前没有把涂料调和均匀，稀释剂加入太多破坏了原涂料稠度；底子涂料稀或色重。防治方法是严格控制涂料稠度，不要随意在涂料中加稀释剂，打底涂料色要浅于面层涂料色。

3）涂料面失光

产生原因是墙面不平整漏刮腻子或漏磨砂纸，涂料质量不好或加入稀释剂过多，施工环境温度过低或温度过高等。防治方法是加强基层表面处理，腻子不漏刮，全面磨砂纸，选用优良品种的涂料，施工时不随意加入稀释剂，涂刷时必须前一道工序干燥后再涂刷下一道工序的涂料，施工环境要合适。

4）出现接头

产生原因是涂料干燥太快，或操作工人不足。防治方法是涂料如果干燥太快可稍加甘油；施工时操作工人要配足；施工面不宜铺得过大；人与人的距离不宜过宽。

【任务练习】

1. 外墙涂料工程的基层处理要求有哪些？

2. 外墙涂料工程的施工方法有哪些？

3. 外墙涂料工程施工质量通病及其防治措施是什么？

2.3.2 内墙涂料施工

【学习目标】

1. 能够根据实际工程合理进行内墙涂料工程施工准备。

2. 掌握内墙涂料工程施工工艺流程。

3. 能正确使用检测工具对内墙涂料工程施工质量进行检查验收。

4. 能够进行安全、文明施工。

【任务描述】

内墙乳胶漆构造见图 2-7。

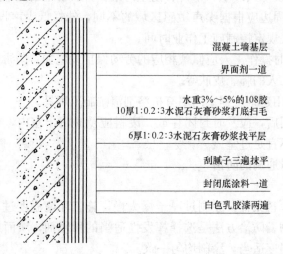

混凝土墙基层

界面剂一道

水重3%~5%的108胶
10厚1:0.2:3水泥石灰膏砂浆打底扫毛

6厚1:0.2:3水泥石灰膏砂浆找平层

刮腻子三遍抹平

封闭底涂料一道

白色乳胶漆两遍

图 2-7

内墙乳胶漆施工工艺流程：

基层处理→修补腻子→刮腻子→施涂第一遍乳胶漆→施涂第二遍乳胶漆→施涂第三遍乳胶漆。

【相关知识】

1. 作业面应基本干燥，基层含水率不得大于 10％。

2. 抹灰作业已全部完成，过墙管道、洞口、阴阳角等提前处理完毕。

3. 门窗玻璃应提前安装完毕。

4. 大面积施工前应做好样板，经验收合格后方可进行大面积施工。

【任务准备】

1. 施工准备

（1）内墙涂料

1）醋酸乙烯乳液涂料

是以聚醋酸乙烯为主要成膜物。因其耐水、耐碱、耐候性较差，故只适用于内墙，且不适用于厨房及卫生间。

2）水溶性涂料

主要有聚乙烯醇水玻璃内墙涂料和聚乙烯醇缩甲醛胶内墙涂料。均具有粘结力强、耐热、施工方便、价格低廉等特点。前者涂膜表面较光滑；但耐水洗性较差，且易产生脱粉现象，后者耐水性较好，但施工温度要在 10℃ 以上，且易粉化。

3）腻子

为使基层平面平整光滑，在涂刷涂料前应用腻子将基层表面上的凹坑、钉眼、缝隙等嵌实填平，待其结硬后用砂纸打磨光滑。腻子一般用填料和少量的胶粘剂配制而成，填料常用大白粉（碳酸钙）、石膏粉、滑石粉（硅酸镁）、重晶石粉（硫酸钡）等，胶粘剂常用动物血料、合成树脂溶液、乳液和水等。

4）溶剂

有松节油、石油溶剂、煤焦溶剂、醋类和酮类溶剂等，它是涂料在制造、贮存和施工中不可缺少的材料。如用稀释溶剂型涂料时，要清除木制品表面的松脂。

（2）机具准备

1）基层处理手工工具主要包括锤子、刮刀、锉刀、铲刀和钢丝刷等。

2）基层处理小型机具

圆盘打磨机，主要用于打磨细木制品表面，也可用于除锈，换上羊绒抛光布轮也可抛光等。

旋转钢丝刷，要用于疏松翘起的漆膜、金属面上的铁锈和混凝土表面的松散物。

皮带打磨机，利用带状砂纸在大面积的木材表面做打磨工作。

3）常用的涂刷手工工具

常用的有各种漆刷、排笔、刮刀和棉毛球等，还有用于滚涂的长毛绒辊、橡胶辊和压花辊、硬质塑料辊等。

4）常用的涂施机具

喷枪，主要用于喷漆，有吸入式、压入式和自流式多种品种；有喷斗，用于各种厚质、厚浆和含粗骨料的建筑涂料；高压无空气喷涂机和手提式涂料搅拌器等。

【任务实施】

（1）基层处理

抹灰墙面基层：起皮、松动及鼓包等清除凿掉，将残留在基层表面上灰尘、污垢溅沫和砂浆流痕等杂物清除扫净；石膏板基层：粘贴穿孔纸带，补钉眼。

（2）修补腻子

用水石膏将墙面等基层上磕碰的坑凹、缝隙等处分遍找平，干燥后用1号砂纸将凸出处磨平，并将浮尘等扫净。

（3）刮腻子

刮腻子的遍数可由基层或墙面的平整度来决定，一般情况为三遍。具体操作方法如下：

第一遍用胶皮刮板横向满刮，一刮板紧接着一刮板，接头不得留槎，每刮一刮板最后收头时，要注意收得要干净利落。干燥后用1号砂纸，将浮腻子及斑迹磨平磨光，再将墙面清扫干净。

第二遍用胶皮刮板竖向满刮，所用材料和方法同第一遍腻子，干燥后用1号砂纸磨平并清扫干净。

第三遍用胶皮刮板找补腻子，用钢片刮板满刮腻子，半墙面等基层刮平刮光，干燥后用细砂纸磨平磨光，注意不要漏磨或将腻子磨穿。

（4）施涂第一遍乳液薄涂料

施涂顺序是先刷顶板后刷墙面，刷墙面时应先上后下。先将墙面清扫干净，再用布将墙面粉尘擦净。乳液薄涂料一般用排笔涂刷，使用新排笔时，注意将活动的排笔毛理掉。乳液薄涂料使用前应搅拌均匀，适当加水稀释，防止头遍涂料施涂不开。干燥后复补腻子，待复补腻子干燥后用砂纸磨光，并清扫干净。

（5）施涂第二遍乳液薄涂料

操作要求同第一遍，使用前要充分搅拌，若稠度适中，则不宜加水或尽量少加水，以防露底。漆膜干燥后，用细砂纸将墙面小疙瘩和排笔毛打磨掉，磨光滑后清扫干净。

（6）施涂第三遍乳液薄涂料

操作要求同第二遍乳液薄涂料。由于乳胶漆膜干燥较快，应连续迅速操作，涂刷时从一头开始，逐渐涂刷向另一头，要注意上下顺刷互相衔接，后一排笔紧接前一排笔，避免出现干燥后再处理接头。

【任务评价】

（1）耐水腻子的品种、性能、质量等级必须符合设计要求及有关标准的规定。

（2）耐水腻子的合格证、检测报告齐全、有效，耐水腻子的保质期大于三个月。

（3）腻子层洁净、表面平整、坚实、颜色均匀一致、手感细腻光滑、粘结牢固，无凹凸、漏刮、错台等缺陷，严禁起皮、粉化、裂缝、脱落。

（4）涂料不允许有漏刷、透底、流坠、疙瘩、刷纹、砂眼等现象。

（5）涂料的涂饰质量和检验方法见表2-6～表2-8。

薄涂料的涂饰质量和检验方法　　　　　　　　表2-6

项次	项　目	普通涂饰	高级涂饰	检验方法
1	颜色	均匀一致	均匀一致	观　察
2	泛碱、咬色	允许少量轻微	不允许	
3	流坠、疙瘩	允许少量轻微	不允许	
4	砂眼、刷纹	允许少量轻微砂眼，刷纹通顺	无砂眼，无刷纹	
5	装饰线、分色线直线度允许偏差（mm）	2	1	拉5m线，不足5m拉通线，用钢直尺检查

厚涂料的涂饰质量和检验方法　　　　　　　　表2-7

项次	项　目	普通涂饰	高级涂饰	检验方法
1	颜色	均匀一致	均匀一致	观　察
2	泛碱、咬色	允许少量轻微	不允许	
3	点状分布	—	疏密均匀	

复层涂料的涂饰质量和检验方法 表 2-8

项次	项 目	质量要求	检验方法
1	颜色	均匀一致	
2	泛碱、咬色	不允许	观察
3	喷点疏密程度	均匀,不允许连片	

【任务练习】

1. 内墙涂料工程的作业条件有哪些?

2. 内墙涂料工程的施工方法有哪些?

任务 2.4　墙体裱糊工程施工

【项目概述】

墙体裱糊施工是在建筑物内墙表面粘贴纸张、塑料壁纸、玻璃纤维墙布、锦缎等制品的施工。能够美化居住环境,满足使用的要求,并对墙体起一定的保护作用。室内装饰工程中壁纸的使用较为广泛,较常见的品种有纸基壁纸、布基塑料壁纸、纺织物壁纸、天然材料面壁纸、金属面壁纸、玻璃纤维墙布、无纺墙布、墙毡和锦缎等材料。

软包墙面、柱面装饰是现代新型高档装修之一,具有吸声、保温、质感舒适等特点。主要用于有吸声要求的会议厅、会议室、多功能厅、娱乐厅、消声室、住宅家居室及影剧院局部墙面等。

软包墙面可分为两大类:一类是无吸声层软包墙面,另一类是有吸声层软包端面。前者适用于吸声要求不高的房间,如会议室、娱乐厅、住宅起居室等;后者适用于吸声要求较高的房间,如会议室、多功能厅、消声室及影剧院局部墙面等。

2.4.1　墙体裱糊工程施工

【学习目标】

1. 能够根据实际工程合理进行墙体裱糊工程施工准备。

2. 掌握墙体裱糊工程施工工艺流程。

3. 能正确使用检测工具对墙体裱糊工程施工质量进行检查验收。

4. 能够进行安全、文明施工。

【任务描述】

施工工艺流程如下:

基层处理→吊直角套方、找规矩、弹线→计算用料、裁纸→刷胶→裱糊→修整。

【相关知识】

1. 新建筑物的混凝土或抹灰基层墙面在刮腻子前应涂刷抗碱封闭底漆。

2. 旧墙面在裱糊前应清除疏松的旧装修层，并刷涂界面剂。

3. 基层按设计要求木砖或木筋已埋设，水泥砂浆找平层已抹完。

4. 经干燥后含水率不大于8%，木材基层含水率不大于12%。

5. 水电及设备、顶墙上预留预埋件已完，门窗油漆已完成。

6. 房间地面工程已完工，经检查符合设计要求。

7. 房间的木护墙和细木装修底板已完工，经检查符合设计要求。

8. 大面积装修前，应做样板间，经监理单位鉴定合格后，可组织施工。

【任务准备】

（1）材料准备

1）壁纸

在装饰工程中，壁纸的品种、花色、色泽等已由设计方规定，样板的式样由甲方认定。在施工前应检查壁纸的色泽是否一致，因为壁纸产品的每个批次不同，其色泽往往也有差别。如果不检查色泽就会在墙面上产生壁纸的色差，从而破坏装饰效果。为保证裱糊质量，各种壁纸、墙布的质量应符合设计要求和相应的国家标准。

裱糊面材由设计方规定，并以样板的方式由甲方认定，并一次备足同批的面材，以免不同批次的材料产生色差，影响同一空间的装饰效果。

2）石膏粉、大白粉、滑石粉、聚醋酸乙烯乳液、羧甲基纤维素或各种型号的壁纸胶粘剂等。

（2）机具准备

裁纸工作台、滚轮、壁纸刀、油工刮板、毛刷、钢板尺、塑料水桶、塑料脸盆、油工刮板、拌腻子槽、小辊、毛刷、排笔、擦布或棉丝、粉线包、小白线、钉子、锤子、红铅笔、扫帚、工具袋、毛巾、铁制水平尺、托线板、线坠、盒尺等。

【任务实施】

（1）基层处理

根据基层不同材质，采用不同的处理方法。

1）混凝土及抹灰基层处理

裱糊壁纸的基层是混凝土面、抹灰面（如水泥砂浆、水泥混合砂浆、石灰砂浆）要满刮腻子一遍、砂纸打磨。但有的混凝土面、抹灰面层凹凸不平时，为了保证质量，应增加满刮腻子和砂纸打磨遍数。刮腻子时，将混凝土或抹灰面清扫干净，使用胶皮刮板满刮一遍。刮时要有规律，要一板接一板，两板中间顺一板。既要刮严，又不得有明显接搓和凸痕。做到凸处薄刮，凹处厚刮，大面积找平。待腻子干固后，砂纸打磨并扫净。需要增加满刮腻子遍数的基层表面，应先将表面裂缝及凹面部分刮平，然后砂纸打磨、扫净，再满刮一遍后砂纸打磨，处理好的底层应该平整光滑，阴阳角线通畅、顺直，无裂痕、崩角，无砂眼麻点。

2）木质基层处理

木质基层要求接缝不显接搓，接缝、钉眼应用腻子补平并满刮油性腻子一遍（第一遍），用砂纸磨平。木夹板的不平整主要是钉接造成的，在钉接处木夹板往往下凹，非钉接处向外凸。所以第一遍满刮腻子主要是找平大面。第二遍可用石膏腻子找平，腻子的厚度应减薄，可在该腻子五、六成干时，用塑料刮板有规律地压光，最后用干净的抹布轻轻将表面灰粒擦净。

3）石膏板基层处理

纸面石膏板比较平整，批抹腻子主要是在对缝处和螺钉孔位处。对缝处抹腻子还需用棉纸带贴缝，以防止对缝处的开裂。在纸面石膏板上，应用腻子满刮一找平大面，在刮第二遍腻子时进行修整。

4）不同基层对接处的处理

不同基层材料的相接处，如石膏板与木夹板、水泥或抹灰基面与木夹板、水泥基面与石膏板之间的对缝，应用棉纸带或穿孔纸带粘贴封口，以防止裱糊后的壁纸面层被拉裂撕开。

5）涂刷防潮底漆和底胶

为了防止壁纸受潮脱胶，一般对要裱糊塑料壁纸、壁布、纸基塑料壁纸、金属壁纸的墙面，涂刷防潮底漆。防潮底漆用酚醛清漆与汽油或松节油来调配，其配合比为清漆∶汽油（或松节油）＝1∶3。该底漆可涂刷，也可喷刷，漆液不宜厚，且要均匀一致。涂刷底胶是为了增加粘结力，防止处理好的基层受潮弄污。底胶一般用108胶配少许羧甲基纤维素加水调成。底胶可涂刷，也可喷刷。在涂刷防潮底漆和底胶时，室内应无灰尘，且防止灰尘和杂物混入该底漆或底胶中。底胶一般是一遍成活，但不能漏刷、漏喷。

若面层贴波音软片，基层处理最后要做到硬、干、光。要在做完通常基层处理后，还需增加打磨和刷两遍清漆。

（2）吊直、套方、找规矩、弹线

1）顶棚：首先应将顶子的对称中心线通过吊直、套方、找规矩的办法弹出中心线，以便从中间向两边对称控制。墙顶处的处理原则是：凡有挂镜线的按挂镜线弹线，没有挂镜线则按设计要求弹线。

2）墙面：首先应将房间四角的阴阳角通过吊垂直、套方、找规矩，并确定从哪个阴角开始按照壁纸的尺寸进行分块弹线控制（习惯做法是进门左阴角处开始铺贴第一张），有挂镜线的按挂镜线弹线，没有挂镜线的按设计要求弹线控制。

3）具体操作方法

按壁纸的标准宽度找规矩，每个墙面的第一条纸都要弹线找垂直，第一条线距墙阴角约15cm处，作为裱糊时的准线。

在第一条壁纸位置的墙顶处敲进一枚墙钉，将粉锤线系上。粉锤下吊到踢脚上缘处，锤线静止不动后，一手紧握锤头，按锤线的位置用铅笔在墙面画一短线，再松开铅锤头查看垂线是否与铅笔短线重合。如果重合，就用一只手将垂线按在铅笔短线上，另一只手把垂线往外拉，放手后使其弹回，便可得到墙面的基准垂线。弹出的基准垂线越细越好。

每个墙面的第一条垂线应该定在距墙角距离约15cm处。墙面上有门窗口的应增加门窗两边的垂直线。

（3）计算用料、裁纸

按基层实际尺寸进行测量计算所需用量，并在每边增加2～3cm作为裁纸量。

裁剪在工作台上进行。对有图案的材料，无论顶棚还是墙面均应从粘贴的第一张开始对花，墙面从上部开始。边裁边编顺序号，以便按顺序粘贴。

对于对花墙纸，为减少浪费，应事先计算。如一间房需要5卷纸，则用5卷纸同时展开裁剪，可大大减少壁纸的浪费。

（4）刷胶

由于现在的壁纸一般质量较好，所以不必进行润水，在进行施工前将2～3块壁纸进行刷胶，使壁纸起到湿润、软化的作用，塑料纸基背面和墙面都应涂刷胶粘剂，刷胶应厚薄均匀，从刷胶到最后上墙的时间一般控制在5～7min。

刷胶时，基层表面刷胶的宽度要比壁纸宽约3cm。刷胶要全面、均匀、不裹边、不起堆，以防溢出，弄脏壁纸。但也不能刷得过少，甚至刷不到位，以免壁纸粘结不牢。一般抹灰墙面用胶量为0.15kg/m²左右，纸面为0.12kg/m²左右。壁纸背面刷胶后，应是胶面与胶面反复对压，以避免胶干得太快，也便于上墙，并使裱糊的墙面整洁平整。

金属壁纸的胶液应是专用的壁纸粉胶。刷胶时，准备一卷未开封的发泡壁纸或长度大于壁纸宽的圆筒，一边在裁剪好的金属壁纸背面刷胶，一边将刷过胶的部分向上卷在发泡壁纸卷上。

（5）裱糊

裱糊壁纸时，首先要垂直，后对花纹拼缝，再用刮板用力抹压平整。原则是先垂直面后水平面，先细部后大面。贴垂直面时先上后下，贴水平面时先高后低。裱贴时剪刀和长刷可放在围裙袋中或手边。先将上过胶的壁纸下半截向上折一半，握住顶端的两角，在四脚梯或凳上站稳后，展开上半截，靠近墙壁，使边缘靠着垂线成一直线，轻轻压平。由中间向外用刷子将上半截抚平，在壁纸顶端做出记号，然后用剪刀修齐或用壁纸刀将多余的壁纸割去。再按上法同样处理下半截，修齐踢脚板与墙壁间的角落。用海绵擦掉沾在踢脚板上的胶糊。壁纸贴平后，3～5h内，在其微干状态时，用小滚轮（中间微起拱）均匀用力滚压接缝处，这样做比传统的有机玻璃片抹刮更能有效地减少对壁纸的损坏。

裱贴壁纸时，注意在阳角处不能拼缝，阴角边壁纸搭缝时，应先裱糊压在里面的转角壁纸，再粘贴非转角的正常壁纸。搭接面应根据阴角垂直度而定，搭接宽度一般不小于2～3cm，并且要保持垂直无毛边。裱糊前，应尽可能卸下墙上电灯等开关。首先要切断电源，用火柴棒或细木棒插入螺丝孔内，以便在裱糊时识别，以及在裱糊后切割留位。不易拆下的配件，不能在壁纸上剪口再裱上去。操作时，将壁纸轻轻糊于电灯开关上面，并找到中心点，从中心开始切割十字，一直切到墙体边。然后用手按出开关体的轮廓位置，慢慢拉起多余的壁纸，剪去不需要的部分，再用橡胶刮子刮平，并擦去刮出的胶液。

除了常规的直式裱贴外，还有斜式裱贴，若设计要求斜式裱贴，则在裱贴前的找规矩中增加找斜贴基准线这一工序。具体做法是：先在一面墙两个墙角间的中心墙顶处标明一点，由这点往下在墙上弹上一条垂直的粉笔灰线。从这条线的底部，沿着墙底，测出与墙高相等的距离。由这一点再和墙顶中心点连接，弹出另一条粉笔灰线，这条线就是一条确实的斜线。斜式裱贴壁纸比较浪费材料。在估计数量时，应预先考虑到这一点。

当墙面的墙纸完成 4h 左右或自裱贴施工开始 40～60min 后，需安排一人用滚轮，从第一张墙纸开始滚压或抹压，直至将已完成的墙纸面滚压一遍。工序的原理和作用是，因墙纸胶液的特性为润滑性好，易干墙纸的对缝裱贴。当胶液内水分被墙体和墙纸逐步吸收后但还没干时，胶性逐渐增大，时间约为 40～60min。这时的胶液黏性最大，对墙纸面进行滚压，可使墙纸与基面更好贴合，使对缝处的缝口更加密合。

部分特殊裱贴面材，因其材料特征，在裱贴时有部分特殊的工艺要求，具体如下：

1）金属壁纸的裱贴

金属壁纸的收缩很少，在裱贴时可采用对缝裱，也可用搭缝裱。

金属壁纸对缝时，都有对花纹拼缝的要求。裱贴时，先从顶面开始对花纹拼缝，操作需要两个人同时配合，一个负责对花纹拼缝，另一个人负责手托金属壁纸卷。一边对缝一边用橡胶刮板刮平金属壁纸，刮时由纸的中部往两边压刮。使胶液向两边滑动而粘贴均匀，刮平时用力要均匀适中，刮板面要放平。不可用刮板的尖端来刮金属壁纸，以防刮伤纸面。若两幅间有小缝，则应用刮板在刚粘的这幅壁纸面上，向先粘好的壁纸这边刮，直到无缝为止。裱贴操作的其他要求与普通壁纸相同。

2）锦缎的裱贴

由于锦缎柔软光滑，极易变形，难以直接裱糊在木质基层面上。裱糊时，应先在锦缎背后上浆，并裱糊一层宣纸，使锦缎挺括，以便于裁剪和裱贴上墙。上浆用的浆液是由面粉、防虫涂料和水配合而成，其配合比为（重量比）5：40：20，调配成稀薄的浆液。上浆时，锦缎正面平铺在大而干的桌面上或平滑的大木夹板上，并在两边压紧锦缎，用排刷沾上浆液从中间开始向两边刷，使浆液均匀地涂刷，在锦缎背面浆液不要过多，以打湿背面为准。

在另一张大平面桌子（桌面一定要光滑）上平铺一张幅宽大于锦缎幅宽的宣纸，并用水将宣纸打湿，使纸平贴在桌面上。用水一要适当，以刚好打湿为好。把上好浆液的锦缎从桌面上抬起来，将有浆液的一面向下，把锦缎粘贴在打湿的宣纸上，并用塑料刮片从锦缎的中间开始向四边刮压，以便使锦缎与宣纸粘贴均匀。待打湿的宣纸干后，便可从桌面取下，这时，锦缎与宣纸就贴合在一起了。

锦缎裱贴前要根据其幅宽和花纹认真裁剪，并将每个裁剪完的开片编号，裱贴时对号进行。裱贴的方法同金属壁纸。

【任务评价】

（1）质量标准

1）壁纸、墙布的种类、规格、图案、颜色等性能等级必须符合设计要求及国家现行标准的有关规定。

检验方法：观察；检查产品合格证书、进场验收记录和性能检测报告。

2）裱糊工程基层处理质量应符合一般规定要求。

检验方法：观察；手摸检查；检查施工记录。

3）裱糊后各幅拼接应横平竖直，拼接处花纹、图案应吻合，不离缝，不搭接不显拼缝。

检验方法：观察；拼缝检查距离墙面1.5cm处正视。

4）壁纸、墙布应粘贴牢固，不得有漏贴、补贴、脱层、空鼓和翘边。

检验方法：观察；手摸检查。

5）裱糊后的壁纸、墙布表面应平整，色泽一致，不得有波纹起伏皱褶及斑污，斜视时应无胶痕。

检验方法：观察；手摸检查。

6）复合压花壁纸的压痕及发泡壁纸的发泡层应无损坏。

检验方法：观察。

7）壁纸、墙布与各种装饰线、设备线盒应交接严密。

检验方法：观察。

8）壁纸、墙布边缘应平直整齐，不得有纸毛、飞刺。

检验方法：观察。

9）壁纸、墙布阴角处搭接应平顺，阳角处应无接缝。

检验方法：观察。

（2）施工质量通病的防治

1）边缘翘起：主要是接缝处胶刷的少、局部未刷胶或边缝未压实，干后出现翘边、翘缝等现象。发现后应及时刷胶辊压修补好。

2）上、下端缺纸：主要是裁纸时尺寸未量好，或切裁时未压住钢板尺而走刀将纸裁小。施工操作时一定要认真细心。

3）墙面不洁净，斜视有胶痕：主要是没及时用湿毛巾将胶痕擦净，或虽清擦但不彻底，或由于其他工序造成壁纸污染等。

4）壁纸表面不平，斜视有疙瘩：主要是基层墙面清理不彻底，或虽清理但没认真清扫，因此基层表面仍有积尘、腻子包、水泥斑痕、小砂粒、胶浆疙瘩等，故粘贴壁纸后会出现小疙瘩；或由于抹灰砂浆中含有未熟化的生石灰颗粒，也会将壁纸拱起小包。处理时应将壁纸切开取出污物，再重新刷胶粘贴好。

5）壁纸有泡：主要是基层含水率大，抹灰层未干就铺贴壁纸，由于抹灰层被封闭，多余水分出不来，气化就将壁纸拱起成泡。处理时可用注射器将泡刺破并注入胶液，用辊压实。

6）阴阳角壁纸空鼓、阴角处有断裂：阳角处的粘贴大都采用整张纸，它要照顾一个角到两个面，都要尺寸到位、表面平整、粘贴牢固，这与抹灰基层质量有直接关系，只要胶不漏刷，赶压到位，是可以防止空鼓的。要防止阴角断裂，关键是阴角壁纸接槎时必须拐过阴角1～2cm，使阴角处形成附加层，这样就不会由于时间长、壁纸收缩，而造成阴角处壁纸断裂。

7）面层颜色不一，花形深浅不一：主要是壁纸质量差，施工时没有认真挑选。

8）窗台板上下、窗帘盒上下等处铺贴毛糙，拼花不好，污染严重：主要是操作不认真。应加强工作责任心，要高标准、严要求，严格按规程认真施工。

【任务练习】

1. 墙体裱糊工程施工的基层处理要求有哪些？

2. 墙体裱糊工程的施工方法有哪些？

3. 墙体裱糊工程施工质量通病及其防治措施有哪些？

2.4.2 墙体软包工程施工

【学习目标】

1. 能够根据实际工程合理进行墙体软包工程施工准备。

2. 掌握墙体软包工程施工工艺流程。

3. 能正确使用检测工具对墙体软包工程施工质量进行检查验收。

4. 能够进行安全、文明施工。

【任务描述】

墙体软包构造示意见图2-8。

墙体软包工程施工工艺流程如下：

基层或底板处理→吊直、套方、找规矩、弹线→计算用料、截面料→粘贴面料→安装贴脸或装饰边线、刷镶边油漆→修整软包墙面。

【相关知识】

1. 混凝土和墙面抹灰完成，基层已按设计要求埋入木砖或木筋，水泥砂浆找平层已抹完并刷冷底子油。

2. 水电及设备，顶墙上预留预埋件已完成。

3. 房间的吊顶分项工程基本完成，并符合设计要求。

4. 房间里的地面分项工程基本完成，并符合设计要求。

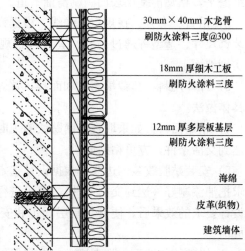

图 2-8

30mm×40mm木龙骨
刷防火涂料三度@300

18mm厚细木工板
刷防火涂料三度

12mm厚多层板基层
刷防火涂料三度

海绵

皮革（织物）

建筑墙体

5. 对施工人员进行技术交底时，应强调技术措施和质量要求。

6. 基层检查，要求基层平整、牢固，垂直度、平整度均符合细木制作验收规范。

【任务准备】

(1) 材料准备

1) 软包墙面木框、龙骨、底板、面板等木材的树种、规格、等级、含水率和防腐处理必须符合设计图纸要求。

2) 软包面料、内衬材料及边框的材质、颜色、图案、燃烧性能等级应符合设计要求及国家现行标准的有关规定，具有防火检测报告。普通布料需进行两次防火处理，并检测合格。

3) 龙骨一般用白松烘干料，含水率不大于12%。厚度应根据设计要求，不得有腐朽、节疤、劈裂、扭曲等疵病，并预先经防腐处理。龙骨、衬板、边框应安装牢固，无翘曲，拼缝应平直。

4) 外饰面用的压条分格框料和木贴脸等面料，一般采用工厂经烘干加工的半成品料，含水率不大于12%。选用优质五合板，如基层情况特殊或有特殊要求者，亦可选用九合板。

5) 胶粘剂一般采用立时得粘贴，不同部位采用不同胶粘剂。

(2) 机具准备

电动机、电焊机、手电钻、冲击电钻、专用夹具、刮刀、钢板尺、裁刀、刮板、毛刷、排笔、长卷尺、锤子等。

【任务实施】

1) 基层或底板处理：在结构墙上预埋木砖抹水泥砂浆找平层。如果是直接铺贴，则应先将底板拼缝用油腻子嵌平密实，满刮腻子1~2遍，待腻子干燥后，用砂纸磨平，粘贴前基层表面满刷清油一道。

2) 吊直、套方、找规矩、弹线：根据设计图纸要求，把该房间需要软包墙面的装饰尺寸、造型等通过吊直、套方、找规矩、弹线等工序，把实际尺寸与造型落实到墙面上。

3) 计算用料，套裁填充料和面料：首先根据设计图纸的要求，确定软包墙面的具体做法。

4) 粘贴面料：如采取直接铺贴法施工时，应待墙面细木装修基本完成时，油漆达到交活条件，方可粘贴面料。

5) 安装贴脸或装饰边线：根据设计选定和加工好的贴脸或装饰边线，按设计要求把油漆刷好（达到交活条件），便可进行装饰板安装工作。首先经过试拼，达到设计要求的效果后，便可与基层固定和安装贴脸或装饰边线，最后涂刷镶边油漆成活。

6) 修整软包墙面：除尘清理，钉粘保护膜和处理胶痕。

【任务评价】

(1) 主控项目

1) 软包面料、内衬材料及边框的材质、颜色、图案、燃烧性能等级和木材的含水率应符合设计要求及国家现行标准的有关规定。

检验方法：观察；检查产品合格证书、进场验收记录和性能检测报告。

2）软包工程的安装位置及构造做法应符合设计要求。

检验方法观察；尺量检查；检查施工记录。

3）软包工程的龙骨、衬板、边框应安装牢固，无翘曲，拼缝应平直。

检验方法：观察；手扳检查。

4）单块软包面料不应有接缝，四周应绷压严密。

检验方法：观察；手摸检查。

（2）一般项目

1）软包工程表面应平整、洁净、无凹凸不平及皱褶；图案应清晰、无色差，整体应协调美观。

检验方法：观察。

2）软包边框应平整、顺直、接缝吻合。其表面涂饰质量应符合有关规范规定。

检验方法：观察；手摸检查。

3）清漆涂饰木制边框的颜色、木纹应协调一致。

检验方法：观察。

软包工程安装的允许偏差和检验方法见表 2-9。

软包工程安装的允许偏差和检验方法　　　　　　　表 2-9

项次	项　目	允许偏差（mm）	检验方法
1	垂直度	3	用 1m 垂直检测尺检查
2	边框宽度、高度	0；−2	用钢尺检查
3	对角线长度差	3	用钢尺检查
4	裁口、线条接缝高低差	1	用钢直尺和塞尺检查

【任务练习】

1. 内墙软包工程的作业条件有哪些？

2. 内墙软包工程的施工方法有哪些？

项目实训 1　外墙或内墙面砖铺贴训练

1. 外墙或内墙面砖铺贴训练相关内容见表 1。

外墙或内墙面砖铺贴训练相关内容　　　　　　　表 1

任务编号		时间安排	理论准备	学时
实训任务	外墙或内墙面砖的铺贴训练		实践	学时
学习领域	楼地面工程		材料整理	学时
任务名称	外墙或内墙面砖的装配		合计	学时

任务要求	按外墙或内墙面砖的施工工艺装配 6～8m² 的外墙或内墙面砖
任务描述	教师根据授课要求提出实训要求。学生实训团队根据设计方案和实训施工现场,按外场或内墙面砖的施工工艺铺贴外墙或内墙面砖,并按外墙或内墙面砖的工程验收标准和验收方法对实训工程进行验收,各项资料按行业要求进行整理。完成以后,学生进行自评,教师进行点评
工作岗位	本工作属于工程部施工员
工作过程	详见附件:外墙或内墙面砖实训流程
工作要求	按国家验收标准,装配外墙或内墙面砖,并按行业惯例准备各项验收资料
工作工具	记录本、合页纸、笔、相机、卷尺等
工作团队	1. 分组。6～10 人为一组,选 1 名项目组长,确定 1～3 名见习设计员、1 名见习材料员、1～3 名见习施工员、1 名见习资料员、1 名见习质检员; 2. 各位成员分头进行各项准备,做好资料、材料、设计方案、施工工具等准备工作
工作方法	1. 项目组长制订计划,制订工作流程,为各位成员分配任务; 2. 见习设计员准备图纸,向其他成员进行方案说明和技术交底; 3. 见习材料员准备材料,并主导材料验收任务; 4. 见习施工员带领其他成员进行放线,放线完成以后进行核查; 5. 按施工工艺进行地龙骨装配、面砖安装、清理现场准备验收; 6. 由见习质检员主导进行质量检验; 7. 见习资料员记录各项数据,整理各种资料; 8. 项目组长主导进行实训评估和总结; 9. 指导教师核查实训情况,并进行点评
工作目的	通过实践操作进一步掌握外墙或内墙面砖的施工工艺和验收方法,为今后走上工作岗位做好知识和能力准备

2. 内墙或外墙面砖铺贴实训流程
(1) 实训团队组成 (表 2)

实训团队组成 表 2

团队成员	姓名	主要任务
项目组长		
见习设计员		
见习材料员		
见习施工员		
见习资料员		
见习质检员		
其他成员		

（2）实训计划（表3）

<table>
<tr><th colspan="3">实训计划　　　　　　　　　　　　　　表3</th></tr>
<tr><th>工作任务</th><th>完成时间</th><th>工作要求</th></tr>
<tr><td></td><td></td><td></td></tr>
<tr><td></td><td></td><td></td></tr>
<tr><td></td><td></td><td></td></tr>
<tr><td></td><td></td><td></td></tr>
<tr><td></td><td></td><td></td></tr>
</table>

（3）实训方案

1）进行技术准备

① 深化设计。根据实训现场设计图纸确定地面标高，进行面砖龙骨编排等深化设计。

② 材料检查（表4、表5）。

<table>
<tr><th colspan="3">内墙贴面材料要求　　　　　　　　　　　表4</th></tr>
<tr><th>序号</th><th>材料</th><th>要　求</th></tr>
<tr><td>1</td><td>水泥</td><td></td></tr>
<tr><td>2</td><td>砂</td><td></td></tr>
<tr><td>3</td><td>面砖</td><td></td></tr>
<tr><td>4</td><td>石灰膏</td><td></td></tr>
<tr><td>5</td><td>生石灰粉</td><td></td></tr>
<tr><td>6</td><td>粉煤灰</td><td></td></tr>
</table>

<table>
<tr><th colspan="3">外墙贴面材料要求　　　　　　　　　　　表5</th></tr>
<tr><th>序号</th><th>材料</th><th>要　求</th></tr>
<tr><td>1</td><td>水泥</td><td></td></tr>
<tr><td>2</td><td>白水泥</td><td></td></tr>
<tr><td>3</td><td>砂</td><td></td></tr>
<tr><td>4</td><td>水</td><td></td></tr>
</table>

序号	材料	要 求
5	面砖	
6	石灰膏	
7	生石灰粉	
8	粉煤灰	
9	界面胶粘剂	
10	胶粉胶粘剂、勾缝剂	

③ 报批。编制施工方案，经项目组充分讨论，并报指导老师审批。

④ 技术交底。熟悉施工图纸及设计说明，对操作人员进行安全技术交底，明确设计要求。

2）机具准备（表6）。

外墙或内墙面砖工程机具设备表　　　　表6

序号	分类	名 称
1	机械	
2	工具	
3	计量检测用具	
4	安全防护用品	

3）作业条件准备。

① 主体结构施工完成后经检验合格。

② 面砖及其他材料已进场，经检验其质量、规格、品种、数量、各项性能指

标应符合设计和规范要求，并经检验复试合格。

③ 各种专业管线、设备、预留预埋件已安装完成，经检验合格并办理交接手续。

④ 门、窗框已安装完成，嵌缝符合要求，门窗框已贴好保护膜，栏杆、预留孔洞及落水管预埋件等已施工完毕，且均通过检验，质量符合要求。

⑤ 施工所需的脚手架已经搭设完，垂直运输设备已安装好，符合使用要求和安全规定，并经检验合格。

⑥ 施工现场所需的临时用水、用电，各种工、机具准备就绪。

⑦ 各控制点、水平标高控制线测设完毕，并经预检合格。

4）编写施工工艺（表7）

施工工艺汇总表   表7

工序	施工流程	施工要求
1	准备	
2	粘贴	
3	收口	

5）明确验收方法

外墙或内墙面砖工程质量标准和检验方法（表8）。

质量标准及检验方法汇总表   表8

序号	分项	质量标准			
1	主控项目				
2	一般项目	项目	允许偏差（mm）		检验方法
			外场柱面砖	内墙柱面砖	
		立面垂直度			
		表面平整度			
		阴阳角方正			
		接缝直线度			
		接缝高低差			
		接缝宽度			

6）整理各项资料

将各项工程资料汇总并装入专用资料袋（表9）。

工程资料情况汇总表 表9

序号	资料目录	份数	验收情况
1	设计图纸		
2	现场原始实际尺寸		
3	工艺流程和施工工艺		
4	工程竣工图		
5	验收标准		
6	验收记录		
7	考核评分		

7）总结汇报（实训团队成员个人总结）

建议从下列方面进行总结：

① 实训情况概述（任务、要求、团队组成等）；

② 实训任务完成情况；

③ 实训的主要收获；

④ 存在的主要问题；

⑤ 团队合作情况（个人在团队中的作用、团队的整体表现、团队的竞争力如何等）；

⑥ 对实训安排有什么建议。

8）实训考核成绩评定（表10）

面砖铺贴实训考核内容、方法及成绩评定标准 表10

系列	考核内容	考核方法	要求达到的水平	分值	小组评分	教师评分
对基本知识的理解	对外墙或内墙面砖的理论掌握	编写施工工艺	能正确编制施工工艺	30		
		理解质量标准和验收方法	正确理解质量标准和验收方法	10		
实际工作能力	在校内实训室场所,进行实际动手操作,完成分配任务	检测各项能力	技术交底的能力	8		
			材料验收的能力	8		
			放样放线的能力	4		
			面砖龙骨装配调平和面砖安装的能力	12		
			质量检验的能力	8		
职业关键能力	团队精神组织能力	个人和团队评分相结合	计划的周密性	5		
			人员调配的合理性	5		
验收能力	根据实训结果评估	实训结果和资料核对	验收资料完备	10		
任务完成的整体水平				100		

项目实训 2　墙柱面材料调研（外墙或内墙面砖）

参观当地大型的装饰材料市场，全面了解各类楼地面装饰材料。重点了解 10 款市场受消费者欢迎的瓷砖、抛光砖、花岗石、大理石、地砖（任选一种）的品牌、品种、规格、特点、价格（表 1、表 2）。

墙柱面材料调研 表 1

任务编号		时间安排	理论准备	学时
实训任务	墙柱面材料调研(外墙或内墙面砖)		实践	学时
学习领域	墙柱面工程		材料整理	学时
任务名称	制作面砖品牌看板		合计	学时
任务要求	调查本地材料市场墙柱面材料,重点了解 10 款市场受消费者欢迎的面砖材料的品牌、品种、规格、特点、价格			
任务描述	1. 参观当地大型的装饰材料市场,全面了解各类墙柱面装饰材料; 2. 重点了解 10 款市场受消费者欢迎的面砖材料的品牌、品种、规格、特点、价格; 3. 将收集的录材整理成内容简明、可以向客户介绍的材料看板			
工作岗位	本工作属于工程部、设计部、材料部;岗位为施工员、设计员、材料员			
工作过程	到建筑装饰材料市场进行实地考察,了解面砖材料的市场行情,特别是内墙和外墙两大墙柱面贴面材料。做到能够熟悉本地知名面砖品牌、识别面砖品种,为装修设计选材和施工管理的材料选购、鉴别打下基础。 1. 选择材料市场; 2. 与店方沟通,请技术人员讲解面砖品种和特点; 3. 收集面砖宣传资料; 4. 调研多份不同的面砖规格、作好数据记录; 5. 整理素材; 6. 编写 10 款市场受消费者欢迎的面砖的品牌、品种、规格、特点、价格的看板			
工作对象	建筑装饰市场材料商店的面砖材料			
工作工具	记录本、合页纸、笔、相机、卷尺等			
工作方法	1. 先熟悉材料商店整体环境; 2. 征得店方同意; 3. 详细了解面砖的品牌和种类; 4. 确定一种品牌进行深入了解; 5. 拍摄选定面砖品种的数码照片; 6. 收集相应的资料。 注意:尽量选择材料商店比较空闲的时间,不能干扰材料商店的工作			
工作团队	1. 事先准备。做好礼仪、形象、交流、资料、工具等准备工作; 2. 选择调查地点; 3. 分组。4～6 人为一组,选一名组长,每人选择一个品牌的面砖进行市场调研;然后小组讨论,确定一款面砖品牌进行材料看板的制作			

工作要求	工作对象确定，原始平面图和测量数据要求详细、准确。原始空间分析意见。 教学重点：(1)选择品牌；(2)了解该品牌面砖的特点。 教学难点：(1)与商店领导和店员的沟通；(2)材料数据的完整、详细、准确；(3)资料的整理和归纳；(4)看板版式的设计
工作目的	为建筑装饰设计和施工的提供市场材料信息，为后续工作服务

面砖市场调查报告   表 2

调查团队成员	
调查地点	
调查时间	
调查过程简述	
调查品牌	
品牌介绍	

品种 1

品种名称		
面砖规格		面砖照片
面砖特点		
价格范围		

品种 2

品种名称		
面砖规格		面砖照片
面砖特点		
价格范围		

品种 3

品种名称		
面砖规格		面砖照片
面砖特点		
价格范围		

	品种 4	
品种名称		
面砖规格		面砖照片
面砖特点		
价格范围		
	品种 5	
品种名称		
面砖规格		面砖照片
面砖特点		
价格范围		
	品种 6	
品种名称		
面砖规格		面砖照片
面砖特点		
价格范围		
	品种 7	
品种名称		
面砖规格		面砖照片
面砖特点		
价格范围		
	品种 8	
品种名称		
面砖规格		面砖照片
面砖特点		
价格范围		
	品种 9	
品种名称		
面砖规格		面砖照片
面砖特点		
价格范围		

项目 2　墙体装饰工程

续表

品种10			
品种名称			
面砖规格		面砖照片	
面砖特点			

本实训考核内容、方法及成绩评定标准见表3。

实训考核内容、方法及成绩评定标准　　　　　　　表3

系列	考核内容	考核方法	要求达到的水平	分值	小组评分	教师评分
对基本知识的理解	对面砖材料的理论检索和市场信息捕捉能力	资料编写的正确程度	预先了解面砖的材料属性	30		
		市场信息了解的全面程度	预先了解本地的市场信息	10		
实际工作能力	在校外实训室场所实际动手操作,完成调研的过程	各种素材展示	选择比较市场材料的能力	8		
			拍摄清晰材料照片的能力	8		
			综合分析材料属性的能力	8		
			书写分析调研报告的能力	8		
			设计编排调研报告的能力	8		
职业关键能力	团队精神和组织能力	个人和团队评分相结合	计划的周密性	5		
			人员调配的合理性	5		
书面沟通能力	调研结果评估	看板集中展示	外墙或内墙面砖资讯材料完整、规范	10		
任务完成的整体水平				100		

顶棚装饰工程

【项目概述】

顶棚又称天花板，是建筑装饰工程的一个重要工程之一，顶棚装饰具有保温、隔热、隔声、弥补房屋本身的缺陷、增加空间的层次感、便于补充光源、便于清洁、吸声的作用，也是电气、通风空调、通信和防火，报警管线设备等工程的隐蔽层。

1. 顶棚的分类

按顶棚装修的构造形式常分为直接式顶棚、吊顶顶棚、开敞式顶棚。吊顶顶棚是顶棚构造做法中的主要构造形式。现代建筑中的设备管线较多，而且错综复杂，非常影响室内美观，利用吊顶顶棚可将设备管线敷设其内，而不影响室内观赏。吊顶按所承受的荷载可分为上人吊顶和不上人吊顶。

吊顶顶棚按顶棚骨架所用材料又分为：

（1）木龙骨吊顶

吊顶基层中的龙骨由木质材料制成，这是吊顶的传统做法。因其材料有可燃性，不适用于防火要求较高的建筑物。但木龙骨有一个优点是便于造型，特别是异形，必须用木龙骨配合层板。

（2）轻钢龙骨吊顶

轻钢龙骨吊顶是以镀锌钢带、薄壁冷轧退火钢带为材料，经冷弯或冲压而成的吊顶骨架。用这种龙骨构成的吊顶具有自重轻、刚度大、防火、抗震性能好、安装方便等优点。它能使吊顶龙骨的规格标准化，有利于大批量生产、组装灵活，安装效率高，已被广泛应用。

（3）铝合金龙骨吊顶

龙骨用铝合金材料经挤压或冷弯而成。这种龙骨具有自重轻、刚度大、防火、耐腐蚀、华丽明净、抗展性能好、加工方便、安装简单等优点。多用于活动装配式吊顶的明龙骨，其外置部分比较美观。

2. 吊顶顶棚的构造层次

悬吊式顶棚一般由三个部分组成：吊杆、骨架、面层及与其配套的连接件和配件组成。

（1）吊杆

1）吊杆的作用：承受吊顶面层和龙骨架的荷载，并将荷载传递给屋顶的承重结构。

2）吊杆的材料：大多使用钢筋。

（2）骨架

1）骨架的作用：承受吊顶面层的荷载，并将荷载通过吊杆传给屋顶承重结构。

2）骨架的材料：有木龙骨架、轻钢龙骨架、铝合金龙骨架等。

3）骨架的结构：主要包括主龙骨、次龙骨和搁栅、次搁栅、小搁栅所形成的网架体系。轻钢龙骨和铝合金龙骨在 T 形、U 形、LT 形及各种异形龙骨等。

（3）面层

1）面层的作用：装饰室内空间，以及吸声、反射等功能。

2）面层的材料：纸面石膏板、纤维板、胶合板、钙塑板、矿棉吸音、铝合金等金属板、PVC 塑料板等。

3）面层的形式：条形、矩形等。

任务 3.1　轻钢龙骨吊顶施工

3.1.1　轻钢龙骨石膏板吊顶施工

轻钢龙骨石膏板吊顶是以轻钢龙骨为吊顶的基本骨架，配以石膏板组合而成的新型顶棚体系，被广泛用于公共建筑及商业建筑。

吊顶轻钢龙骨架作为吊顶造型骨架，由承载龙骨（又称主龙骨或大龙骨）、次龙骨（又称中龙骨）、横撑龙骨及其相应的连接件组装而成。双层龙骨吊顶属于轻钢龙骨吊顶的一般做法。其做法是吊杆（6～8mm 钢筋吊杆）直接吊卡大龙骨，双龙骨的间距为 1000～1200mm，其底部为中龙骨，用吊挂件挂在大龙骨上，其间距随板材尺寸而定，一般为 400～600mm。垂直于中龙骨的方向加中龙骨支撑，称为横撑龙骨，其间距也根据板材尺寸而定，一般为 400～1200mm。中龙骨支撑与中龙骨底要齐平。

【学习目标】

1. 能够根据实际工程合理进行轻钢龙骨石膏板吊顶施工准备。

2. 掌握轻钢龙骨石膏板吊顶工艺流程。

3. 能正确使用检测工具对轻钢龙骨石膏板吊顶施工质量进行检查验收。

4. 能够进行安全、文明施工。

【任务描述】

轻钢龙骨吊顶构造示意见图 3-1。

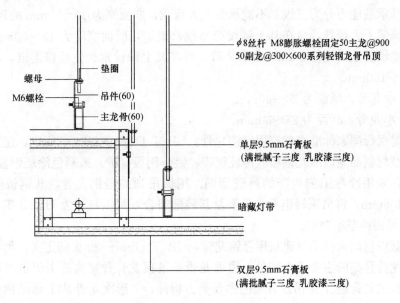

图 3-1

轻钢龙骨吊顶施工工艺流程如下：

交接验收→找规矩→弹线、复检、吊筋制作安装→主龙骨安装→调平龙骨架→龙骨安装→固定→质量检查→安装面板→质量检查→缝隙处理→饰面。

【相关知识】

（1）吊顶工程在施工前应熟悉施工图纸及设计说明。

（2）吊顶工程在施工前应熟悉现场。

（3）施工前应按设计要求对房间的净高、洞口标高和吊顶内的管道、设备及其支架的标高进行交接检验。

（4）对吊顶内的管道、设备的安装及水管试压进行验收。

（5）吊顶工程在施工中应做好各项施工记录，收集好各种有关文件。

（6）做好材料进场验收记录、复验报告及技术交底记录。

（7）板安装时室内湿度不宜大于70%。

【任务准备】

1. 材料准备

（1）龙骨材料

轻钢龙骨的分类方法较多,按其承载能力大小,可分为轻型、中型和重型三种。或者按是否上人分为上人吊顶龙骨和不上人吊顶龙骨;按其型材断面形状,可分为U形吊顶、C形吊顶、T形吊顶和L形吊顶及其略变形的其他相应形式;按其用途及安装部位,可以分为承载龙骨、覆面龙骨和边龙骨等。U形轻钢龙骨用 1.2～1.5mm 镀锌钢板(或一般钢板)挤压成型制成。分为大龙骨、中龙骨、小龙骨。

1)大龙骨

按其承载能力分为三级:不能承受上人荷载,断面宽为 30～38mm 的轻型级;能承受偶然上人荷载,可在其上铺设简易检修走道,断面宽度为 45～50mm 的中型级;能承受上人检修 0.8kN 集中荷载,可在其上铺设永久性检修走道,断面宽度为 60～100mm。

2)中龙骨:断面为 30～60mm。

3)小龙骨:断面为 25～30mm。

根据现行国家标准《建筑用轻钢龙骨》GB/T 11981—2008 的规定,建筑用轻钢龙骨型材制品是以冷轧钢板或冷轧钢带、镀锌钢板(带)或彩色涂层钢板(带)做原料,采用冷弯工艺生产的薄壁型钢。用做吊顶的轻钢龙骨,其钢板厚度为 0.27～1.5mm;将吊顶轻钢龙骨骨架及其装配组合,可以归纳为U形、T形、H形和V形四种基本类型。

根据现行国家标准《建筑用轻钢龙骨》GB/T 11981—2008 的定义,承载龙骨是吊顶龙骨骨架的主要受力构件,覆面龙骨是吊顶龙骨骨架构造中固定面层的构件;T形主龙骨是T形吊顶骨架的主要受力构件,T形次龙骨是T形吊顶骨架中起横撑作用的构件;H形龙骨是H形吊顶骨架中固定饰面板的构件;L形边龙骨通常被用做T形或H形吊顶龙骨中与墙体相连,并于边部固定饰面板的构件;V形直卡式承载龙骨是V形吊顶骨架的主要受力构件;V形直卡式覆面龙骨是V形吊顶骨架中固定饰面板的构件。其产品标记顺序为:产品名称—代号—断面形状宽度—高度—钢板厚度—标记号。

(2)吊顶轻钢龙骨的配件

轻钢龙骨配件根据现行国家标准《建筑用轻钢龙骨》GB/T 11981—2008 和建材行业标准《建筑用轻钢龙骨配件》JC/T 558—2007 的规定,用于吊顶轻钢龙骨骨架组合和悬吊的配件,主要有吊件、挂件、连接件及挂插件等。

(3)饰面板材

纸面石膏板,其材料品种、规格、质量应符合设计要求。

(4)吊杆

$\phi 6$、$\phi 8$ 钢筋。

(5)固结材料

花篮螺丝、射钉、自攻螺钉、膨胀螺栓等。

(6)材料的关键要求

1)按设计要求可选用龙骨和配件及面板,材料品种、规格、质量应符合设计要求。

2）对人造板、胶粘剂的甲醛、苯含量进行复检，检测报告应符合国家环保规定要求。

3）吊顶工程中的预埋件、钢筋吊杆和型钢吊杆应进行防锈处理。

2. 机具准备

（1）电动机具：电锯、无齿锯、手枪钻、射钉枪、冲击电锤、电焊机。

（2）手动机具：拉铆枪、手锯、手刨子、钳子、螺丝刀、扳子、钢尺、钢水平尺、线坠等。

【任务实施】

1. 交接验收

在正式安装轻钢龙骨吊顶之前，对上一步工序进行交接验收，如结构强度、设备位置、防水管线的铺设等，均要进行认真检查，上一步工序必须完全符合设计和有关规范的标准，否则不能进行轻钢龙骨吊顶的安装。

2. 找规矩

根据设计和工程的实际情况，在吊顶标高处找出一个标准基础平面与实际情况进行对比，核实存在的误差并对误差进行调整，确定平面弹线的基准。

3. 弹线

弹线的顺序是先竖向标高、后平面造型细部，竖向标高线弹于墙上，平面造型和细部弹于顶板上，主要应当弹出以下基准线。

（1）弹顶棚标高线

在弹顶棚标高线前，应先弹出施工标高基准线，一般常用 0.5m 为基线，弹于四周的墙面上。以施工标高基准线为准，按设计所定的顶棚标高，用仪器或量具沿室内墙面将顶棚高度量出，并将此高度用墨线弹于墙面上，其水平允许偏差不得大于 5mm。如果顶棚有层级造型，其标高均应弹出。

（2）弹水平造型线

根据吊顶的平面设计，以房间的中心为准，将设计造型按照先高后低的顺序，逐步弹在顶板上，并注意累计误差的调整。

（3）吊筋吊点位置线

根据造型线和设计要求，确定吊筋吊点的位置，并弹于顶板上。

（4）弹吊具位置线

所有设计的大型灯具、电扇等的吊杆位置，应按照具体设计测量准确，并用墨线弹于楼板的板底上。如果吊具、吊杆的锚固件必须用膨胀螺栓固定，应将膨胀螺栓的中心位置一一弹出。

（5）弹附加吊杆位置线

根据吊顶的具体设计，将顶棚检修走道、检修口、通风口、柱子周边处及其他所有必须加"附加吊杆"之处的吊杆位置一一测出，并弹于混凝土楼板板底。

用水准仪在房间内每个墙（柱）角上抄出水平点（若墙体较长，中间也应适当抄几个点），弹出水准线（水准线距地面一般为 500mm），从水准线到吊顶设计高度加上 12mm（一层石膏板的厚度），用粉线沿墙（柱）弹出水准线，即为吊顶次龙骨的下皮线。同时，按吊顶平面图，在混凝土顶板弹出主龙骨的位置。主龙骨应从吊顶中心向两边分，最大间距为 1000mm，并标出吊杆的固定点，吊杆的固定点间距为 900~1000mm。如遇到梁和管道固定点大于设计和规程要求，应增加吊杆的固定点。

4. 复检

在弹线完成后，对所有标高线、平面造型线、吊杆位置线等进行全面检查复核，如有遗漏或尺寸错误，均应及时补充和纠正。另外，还应检查所弹顶棚标高线与四周设备、管线、管道等有无矛盾，对大型灯具的安装有无妨碍，应当确保准确无误。

5. 吊筋制作安装

吊筋应用钢筋制作，吊筋的做法视楼板种类不同而不同。具体做法如下：

1）预制钢筋混凝土楼板设吊筋，应在主体施工时预埋吊筋。如无预埋时应用膨胀螺栓固定，并保证连接强度。

2）现浇钢筋混凝土楼板设吊筋，一是预埋吊筋；二是用膨胀螺栓或用射钉固定吊筋，保证强度。

无论何种做法均应满足设计位置和强度要求。

采用膨胀螺栓固定吊挂杆件。不上人的吊顶，吊杆长度小于 1000mm，可以采用 $\phi6$ 的吊杆；如果大于 1000mm，应采用 $\phi10$ 的吊杆，还应设置反向支撑。吊杆可以采用冷拔钢筋和盘圆钢筋，但采用盘圆钢筋应采用机械将其拉直。上人的吊顶，吊杆长度小于 1000mm，可以采用 $\phi6$ 的吊杆，吊杆长度大于 1000mm，应采用 $\phi10$ 的吊杆，还应设置反向支撑。吊杆的一端用 L30×30×3 角码焊接（角码的孔径应根据吊杆和膨胀螺栓的直径确定），另一端可以用攻丝套出大于 100mm 的丝杆，也可以买成品丝杆焊接。制作好的吊杆应做防锈处理，吊杆用膨胀螺栓固定在楼板上。用冲击电锤打孔，孔径应稍大于膨胀螺栓的直径。

吊挂杆件应通直并有足够的承载能力。当预埋的杆件需要接长时，必须搭接焊牢，焊缝要均匀饱满。吊杆距主龙骨端部距离不得超过 300mm 仍应增加吊杆。吊顶灯具、风口及检修口等应设附加吊杆。

6. 安装轻钢龙骨架

（1）安装轻钢主龙骨

主龙骨按弹线位置就位，利用吊件悬挂在吊筋上，待全部主龙骨安装就位后进行调直调平定位，将吊筋上的调平螺母拧紧。主龙骨间距 900~1000mm，主龙骨分为轻钢龙骨和 T 形龙骨。轻钢龙骨可选用 UC50 中龙骨和 UC38 小龙骨。主龙骨应平行房间长向安装，同时应起拱，起拱高度为房间短向跨度的 1/1000~3/1000。主龙骨的悬臂段不应大于 300mm，否则应增加吊杆。主龙骨的接长应采取对接，相邻龙骨的对接接头要相互错开。主龙骨挂好后应基本调平。跨度大于 15m 以上的吊顶，应在主龙骨上，每隔 15m 加一道大龙骨，并垂直主龙骨焊接牢固。如有大的造型顶棚，造型部分应用角钢或扁钢焊接成框架，并应与楼板连接牢固。

将承载龙骨与吊杆通过垂直吊挂件连接。上人吊顶的悬挂，是用一个吊环将承载龙骨箍住，并拧紧螺丝固定；不上人吊顶的悬挂，用挂件卡在承载龙骨的槽中。

在主龙骨与吊件及吊杆安装就位之后，以一个房间为单位进行调平调直。调整方法可用 600mm×600mm 方木按主龙骨间距钉圆钉，将主龙骨卡住，临时固定。方木两端要紧顶墙上或梁边，再拉十字和对角水平线，拧动吊杆螺母，升降调平。

（2）安装副龙骨

主龙骨安装完毕即可安装副龙骨。副龙骨有通长和截断两种。通长副龙骨与主龙骨垂直，截断副龙骨（也叫横撑龙骨）与通长副龙骨垂直。副龙骨紧贴主龙骨安装，并与主龙骨扣牢，不得有松动及歪曲不直之处。副龙骨安装时应从主龙骨一端开始，顶棚应先安装高跨部分后安装低跨部分。副龙骨的位置要准确。特别是板缝处，要充分考虑尺寸。

次龙骨分明龙骨和暗龙骨两种。暗龙骨吊顶：即安装罩面板时将次龙骨封闭在栅内，在顶棚表面看不见次龙骨。明龙骨吊顶：即安装罩面板时次龙骨明露在罩面板下，在顶棚表面能够看见次龙骨，次龙骨应紧贴主龙骨安装，次龙骨间距300～600mm。次龙骨分为 T 形烤漆龙骨、T 形铝合金龙骨、各种条形扣板和厂家配带的专用龙骨。用 T 形镀锌钢板连接件把次龙骨固定在主龙骨上时，次龙骨的两端应搭在 L 形边龙骨的水平翼缘上，条形扣板有专用的阴角线做边龙骨。

（3）安装附加龙骨

角龙骨、连接龙骨等靠近柱子周边，增加附加龙骨或角龙骨时，按具体设计安装。凡高低层级顶棚、灯槽、灯具、窗帘盒等处，根据具体设计应增加连接龙骨。

7. 骨架安装质量检查

上述工序安装完毕后，应对整个龙骨架的安装质量进行严格检查。

1）龙骨架荷重检查在顶棚检修孔周围、高低层级处、吊灯吊扇等处，根据设计荷载规定进行加载检查。加载后如龙骨架有翘曲、波动之处，应增加吊筋予以加强。增加的吊筋数最和具体位置，应通过计量而定。

2）龙骨架安装及连接质量检查对整个龙骨架的安装质量及连接质量进行彻底检查。连接件应错位安装，龙骨连接处的偏差不得超过相关规范规定。

3）各种龙骨的质量检查对主龙骨、副龙骨、附加龙骨、角龙骨、连接龙骨等进行详细质量检查。如发现有翘曲或扭曲之处以及位置不正、部位不对等处，均应彻底纠正。

8. 饰面板安装

饰面板常有明装、暗装、半隐装三种安装方式。明装是指革面板直接搁置在 T 形龙骨两城上，纵横 T 形龙骨架均外露。暗装是指饰面板安装后骨架不外称。半隐装是指革面板安装后外耳部分骨架。

U 形轻钢龙骨吊顶多采用暗装式罩面板。罩面板与龙骨的连接可采用螺钉、自攻螺钉、胶粘剂。采用整张的纸面石膏板做面层应进行二次装饰处理，常用做法为刷油漆、贴壁纸、喷耐擦洗涂料等。

纸面石膏板是轻钢龙骨吊顶常用的罩面板材，通常安装方法如下：

(1) 纸面石膏的现场切割

大面积板料切割可使用板锯，小面积板料切割采用多用刀；用专用工具圆孔锯可在纸面石膏板上开各种圆形孔洞；用针锉可在板上开各种异型孔洞；用针锯可在纸面石膏板上开出直线形孔洞；用边角刨可对板边倒角；用滚锯可切割出小于 120mm 的纸面石青板板条；使用曲线锯，可以裁割不同造型的异型板材。

(2) 纸面石膏板罩面钉装

钉装时大多采用横向铺钉的形式。板与板之间的间隙宽度一般为 6～8mm。纸面石膏板应在自由状态下就位固定，以防止出现弯棱、凸鼓等现象。纸面石膏板的长边（包封边），应沿纵向次龙骨铺设。板材与龙骨固定时，应从一块板的中间向板的四边循序固定，不得采用多点同时固定的做法。

用自攻螺钉铺钉纸面石膏板时，钉距以 150～170mm 为宜，螺钉应与板面垂直。自攻螺钉与纸面石膏板边的距离：距包封边（长边）以 10～15mm 为宜；距切割边（短边）以 15～20mm 为宜。钉头略埋入板面，但不能使板材纸面破损。自攻螺钉进入轻钢龙骨的深度应不小于 10mm；在装钉操作中如出现有弯曲变形的自攻螺钉时，应予剔除，在相隔 50mm 的部位另安装自攻螺钉。

纸面石膏板拼接时，必须是安装在宽度不小于 40mm 的龙骨上，其短边必须采用错缝安装，错开距离应不小于 300mm。纸面石膏板在吊顶面的平面排布，应从整张板的一侧向非整张板的一侧逐步安装。一般是以一个顶面龙骨的间距为基数，逐块铺排。安装双层石街板时，面层板与基层板的接缝也应错开。

9. 嵌缝处理

嵌缝时采用石膏腻子、穿孔纸带或网格胶带。石膏腻子由嵌缝石膏粉加适量清水（1∶0.6）静置 5～6min 后，经人工或机械搅拌而成，调制后应放置 30min 再使用。穿孔纸带是打有小孔的牛皮纸带，纸带上的小孔在嵌缝时可保证挤出石膏腻子的多余部分，纸带宽度为 50mm。使用时应先将其置于清水中浸湿，这样有利于纸带与石膏腻子的粘合。也可采用玻璃纤维网格胶带，它有着较好的拉结能力，有更理想的嵌缝效果，故在一些重要部位可用它取代穿孔牛皮纸带，以降低板缝开裂的可能性。玻璃纤维网格胶带的宽度一般为 50mm。

在做嵌缝施工前，应先将所有的自攻螺钉的钉头做防锈处理，然后用石膏腻子嵌平。板缝的嵌填处理，其程序为：

(1) 清扫板缝

用小刮刀将石膏腻子均匀饱满地嵌入板缝，并在板缝处刮涂约 60mm 宽、1mm 厚的腻子盖上穿孔纸带（或玻璃纤维网格胶带），使用宽约 60mm 的腻子刮刀顺穿孔纸带（或玻璃纤维网格胶带）方向压刮，将多余的腻子挤出，并刮平、刮实，不要留有气泡。

施工允许偏差见表 3-1。

允许偏差项目 表 3-1

项次	项目	允许偏差（mm）	检验方法
1	表面平整	3	用 2m 靠尺和楔形塞尺检查
2	接缝平直	3	拉 5m 线不足 5m 拉通线检查
3	接缝高低	0.5	用直尺和楔形塞尺检查
4	压条间距	1	用直尺，拉线检查
5	四周水平标高	±2	以 50mm 水平线，尺量检查

【任务练习】

1. 轻钢龙骨铝扣板吊顶工程的工艺流程？

2. 轻钢龙骨铝扣板吊顶工程的质量标准？

3.1.3 轻钢龙骨矿棉板吊顶工程施工

【学习目标】

1. 能够根据实际工程合理进行轻钢龙骨矿棉板吊顶施工准备。

2. 掌握轻钢龙骨矿棉板吊顶工艺流程。

3. 能正确使用检测工具对轻钢龙骨矿棉板吊顶施工质量进行检查验收。

4. 能够进行安全、文明施工。

【任务描述】

轻钢龙骨矿棉板吊顶构造示意见图 3-2。

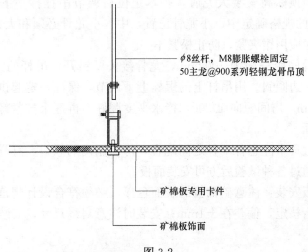

图 3-2

轻钢龙骨矿棉板吊顶施工工艺流程：

弹线→安装吊杆→安装主龙骨→安装副龙骨→起拱调平→安装矿棉板。

【相关知识】

（1）顶棚内的各种设备安装工程必须施工完毕，通风管道的标高与吊顶标高无矛盾，检查口、风洞口以及各种明露孔位置确定。

(2) 吊顶所需的龙骨、配件、面板提前准备齐全。

(3) 安装矿棉板或安装边龙骨前墙面的必须刮两遍腻子找平，否则造成墙面与顶棚阴角处不易处理好。

【任务准备】

(1) 材料准备

矿棉板的规格、品种、表面形式、吸声指标必须达到设计要求和使用功能的要求。吊顶使用的轻钢龙骨分为 U 形骨架和 T 形骨架两种，并按照荷载不同分为上人和不上人两种。轻钢龙骨分为主龙骨、次龙骨、边龙骨；配件有吊件、连接件、挂插件等材质必须符合设计要求。

零配件：吊杆、花篮螺丝、射钉、自攻螺丝等。

按照设计或样品要求可选用各种罩面板、铝压缝条或塑料压缝条，其材料的品种、规格、质量应符合装修设计要求。

粘结剂：按照主材的性能选用，在使用前必须试验合格后可使用。

(2) 机具准备

电锯、射钉枪、手锯、钳子、螺丝刀、方尺、钢尺、钢水平尺、壁纸刀、拖线等。

【任务实施】

(1) 根据图纸先在墙上、柱上弹出顶棚标高水平墨线，在顶板上画出吊顶布局，确定吊杆位置并与原预留吊杆焊接，如原吊筋位置不符或无预留吊筋时，采用 M8 膨胀螺栓在顶板上固定，吊杆采用 $\phi8$ 钢筋加工。

(2) 根据吊顶标高安装大龙骨，基本定位后调节吊挂抄平下皮（注意起拱量）；再根据板的规格确定中、小龙骨位置，中、小龙骨必须和大龙骨底面贴紧，安装垂直吊挂时应用钳夹紧，防止松紧不一。

(3) 主龙骨间距一般为 1000mm，龙骨接头要错开；吊杆的方向也要错开，避免主龙骨向一边倾斜。用吊杆上的螺栓上下调节，保证一定起拱度，视房间大小起拱 5～20mm，房间短向 1/200，待水平度调好后再逐个拧紧螺帽，开孔位置需将大龙骨加固。

(4) 施工过程中注意各工种之间配合，待顶棚内的风口、灯具、消防管线等施工完毕，并通过各种试验后方可安装面板。

(5) 矿棉板安装：注意矿棉板的表面色泽，必须符合设计规范要求；矿棉板的几何尺寸进行核定，偏差在 ±1mm；安装时注意对缝尺寸，安装完后轻轻撕去其表面保护膜。

【任务评价】

(1) 吊顶标高、尺寸、起拱和造型应符合设计要求。

(2) 饰面材料的材质、品种、规格、图案和颜色应符合设计要求。

(3) 暗龙骨吊顶工程的吊杆、龙骨和饰面材料的安装必须牢固。

(4) 吊杆、龙骨的材质、规格、安装间距及连接方式应符合设计要求。金属吊杆、龙骨应经过表面防腐处理；木吊杆、龙骨应进行防腐、防火处理。

（5）饰面材料表面应洁净、色泽一致，不得有翘曲、裂缝及缺损。压条应平直、宽窄一致。

（6）饰面板上的灯具、烟感器、喷淋头、风口箅子等设备的位置应合理、美观，与饰面板的交接应吻合、严密。

（7）、金属吊杆、龙骨的接缝应均匀一致，角缝应吻合，表面应平整，无翘曲、锤印。木质吊杆、龙骨应顺直，无劈裂、变形。

（8）吊顶内填充吸声材料的品种和铺设厚度应符合设计要求，并应有防散措施。

（9）暗龙骨吊顶工程安装的允许偏差和检验方法应符合《建筑装饰装修工程质量验收标准》GB 50210—2018 中的规定：表面平整度：2mm，接缝直线度：1.5mm，接缝高低差：1mm。

【任务练习】

1. 轻钢龙骨矿棉板吊顶工程的工艺流程？

2. 轻钢龙骨矿棉板吊顶工程的质量标准？

3.1.4 轻钢龙骨木饰面板吊顶工程施工

【学习目标】

1. 能够根据实际工程合理进行轻钢龙骨木饰面板吊顶施工准备。

2. 掌握轻钢龙骨木饰面板吊顶工艺流程。

3. 能正确使用检测工具对轻钢龙骨木饰面板吊顶施工质量进行检查验收。

4. 能够进行安全、文明施工。

【任务描述】

轻钢龙骨木饰面板吊顶构造示意见图 3-3。

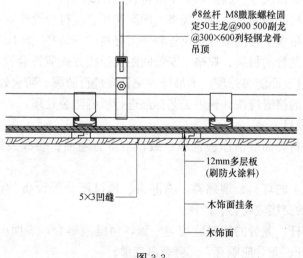

φ8丝杆 M8膨胀螺栓固定50主龙@900 500副龙@300×600列轻钢龙骨吊顶

12mm多层板（刷防火涂料）

5×3凹缝

木饰面挂条

木饰面

图 3-3

轻钢龙骨木饰面板吊顶施工工艺流程：

弹线→安装吊杆→安装主龙骨、安装副龙骨、起拱调平→安装木底板→安装木饰面板。

【任务实施】

（1）根据图纸先在墙上、柱上弹出顶棚高水平墨线，在顶板上画出吊顶布局，确定吊杆位置并与原预留吊杆焊接；如原吊筋位置不符或无预留吊筋时，采用 M8 膨胀螺栓在顶板上固定，吊杆采用 φ8 钢筋加工。

（2）根据吊顶标高安装大龙骨，基本定位后调节吊挂抄平下皮（注意起拱量）；再根据板的规格确定中、小龙骨位置，中、小龙骨必须和大龙骨底面贴紧，安装垂直吊挂时应用钳夹紧，防止松紧不一。

（3）主龙骨间距一般为 1000mm，龙骨接头要错开；吊杆的方向也要错开，避免主龙骨向一边倾斜。用吊杆上的螺栓上下调节，保证一定起拱度，视房间大小起拱 5～20mm，房间短向 1/200，待水平度调好后再逐个拧紧螺帽。开孔位置需将大龙骨加固。

（4）施工过程中注意各工种之间配合，待顶棚内的风口、灯具、消防管线等施工完毕，并通过各种试验后方可安装面板。

（5）安装木底板，板用自攻钉固定，并经过防潮处理，安装时先将板就位，用直径小于自攻钉直径的钻头将板与龙骨钻通，再用自攻钉拧紧。

（6）板要在自由状态下固定，不得出现弯棱、凸鼓现象；板长边沿纵向次龙骨铺设；固定板用的次龙骨间距不应大于 600mm。

（7）安装木饰面板，木饰面板的安装要采用用胶贴在木底板上，在贴的同时要注意胶要涂匀，各个位置都应涂到，保证木饰面板和木底板之间的牢固。

【任务评价】

（1）主控项目

1）吊顶标高、尺寸、起拱和造型应符合设计要求。

2）饰面材料的材质、品种、规格、图案和颜色应符合设计要求。

3）暗龙骨吊顶工程的吊杆、龙骨和饰面材料的安装必须牢固。

4）吊杆、龙骨的材质、规格、安装间距及连接方式应符合设计要求。金属吊杆、龙骨应经过表面防腐处理；木吊杆、龙骨应进行防腐、防火处理。

5）饰面板的接缝应按其施工工艺标准进行板缝防裂处理。

（2）一般项目

1）饰面材料表面应洁净、色泽一致，不得有翘曲、裂缝及缺损。压条应平直、宽窄一致。

2）饰面板上的灯具、烟感器、喷淋头、风口篦子等设备的位置应合理、美观，与饰面板的交接应吻合、严密。

3）金属吊杆、龙骨的接缝应均匀一致，角缝应吻合，表面应平整，无翘曲、锤印。木质吊杆、龙骨应顺直，无劈裂、变形。

4）吊顶内填充吸声材料的品种和铺设厚度应符合设计要求，并应有防散落措施。

5）木饰面板吊顶工程安装的允许偏差和检验方法应符合《建筑装饰装修工程质量验收标准》GB 50210—2018 的规定。

【任务练习】

1. 轻钢龙骨矿木饰面板吊顶工程的工艺流程？

2. 轻钢龙骨矿木饰面板吊顶工程的质量标准？

任务 3.2 木龙骨吊顶施工

【任务概述】

木龙骨吊顶是以木质龙骨为基本骨架，配以纸面石膏板、纤维板或其他人造板作为罩面板材组合而成的吊顶体系，其加工方便，造型能力强，但不适用于大面积吊顶。木龙骨胶合板是此类吊顶中最常见的一种做法。

吊顶木龙骨架是由木制龙骨拼装而成的吊顶造型骨架。当吊顶为单层龙骨时不设大龙骨，而用小龙骨组成方格骨架，用吊挂杆直接吊在结构层下部。

【学习目标】

1. 能够根据实际工程合理进行木龙骨吊顶施工准备。

2. 掌握木龙骨吊顶工艺流程。

3. 能正确使用检测工具对木龙骨吊顶施工质量进行检查验收。

4. 能够进行安全、文明施工。

【任务描述】

木龙骨吊顶施工工艺流程：

弹线找平→安装吊杆→安装管线设施、龙骨架制作→龙骨架吊装→龙骨架整体调平→防腐处理→安装革面板→板缝处理。

【相关知识】

（1）现浇钢筋混凝土板或预制楼板板缝中。按设计预埋吊顶固定件，如设计无要求时，可预埋 $\phi6$ 或 $\phi8$ 钢筋，间距为 1000mm 左右。

（2）墙为砌体时，应根据顶棚标高，在四周墙上预埋固定龙骨的木砖。

（3）顶棚内各种管线及通风管道，均应安装完毕，并办理验收手续。

（4）直接接触土建结构的木龙骨，应预先刷防腐剂。

（5）吊顶房间需做完墙面及地面的湿作业和屋面防水等工程。

（6）搭好顶棚施工操作平台架。

【施工准备】

（1）材料准备

1）龙骨材料

木质龙骨材料应为烘干、无扭曲、无劈裂、不易变形、材质较轻的树种，以红松、白松、杉木为宜。主龙骨常用断面尺寸为 50mm×80mm、和 60mm×100mm 间距 1000mm×1500mm。木龙骨吊顶，不设中龙骨，小龙骨断面为 40mm×40mm 或 50mm×50mm，间距一般为 300mm×300mm 或 400mm×400mm。木龙骨应涂刷防火漆 2~3 遍。大面积吊顶都采用金属龙骨，小面积采用木龙骨，所以目前木龙骨一般不分主次龙骨结构，而采用纵横龙骨截面相同的组合形式。龙骨断面为 30mm×30mm 或 40mm×40mm。间距一般为 300mm×300mm 或 400mm×400mm。

2）罩面板材

常见的有纸面石膏板、各种装饰板、铝塑板等。

3）吊挂连接材料

木方、$\phi 6 \sim \phi 8$ 钢筋、角钢、8 号镀锌铅丝。

4）固结材料

圆钉、射钉、平头自攻螺丝、膨胀螺栓、胶粘剂。

（2）机具准备

机械设备：电锯、电刨、射钉枪、冲击钻、手电钻、电焊机等。

主要工具：斧子、锯子、刨子、线坠、水平尺、墨斗、扳手、钳子、凿子、2m 卷尺、螺丝刀等。

【任务实施】

（1）弹线找平

放线是吊顶施工的标准，弹线包括：顶棚标高线、造型位置线、吊点位置、大中型灯位置线等。

1）确定标高线

首先定出地面基准线，如果原地坪无饰面要求，则原地坪线为基准线；如果原地坪有饰面要求，则饰面后的地坪线为基准线。

以地坪基准线为起点，根据设计要求在墙（柱）面上最出吊顶的高度，并在该点画出高度线（作为吊顶的底标高）。

用一条灌满水的透明软管，一端水平面对准墙（柱）面上的高度线，另一端在同侧墙（柱）面上找出另一点，当软管内水平面静止时，画下该点的水平面位置，连接两点即得吊顶高度水平线。这种放线的方法称为"水柱法"，简单易行，比较准确。确定标高线时，应注意一个房间的基准高度线只能用一个。

2）确定造型位置线

对于规则的建筑空间，应根据设计的要求，先在一个墙面上量出吊顶造型位置距离，并按该距离画出平行于墙面的直线，再从另外三个墙面，用同样的方法画出直线，便可得到造型位置外框线，再根据外框线逐步画出造型的各个局部的位置。

对于不规则的建筑空间，可根据施工图纸测出造型边缘距墙面的距离，运用同样的方法，找出吊顶造型边框的有关基本点，将各点连线形成吊顶造型线。

由室内墙上大约 500mm 水平线上，用尺量至顶棚的设计标高，沿墙四周弹一道墨线，为吊顶下皮四周的水平控制线，其偏差不大于±5mm。然后，根据此水平线放出吊顶底面标高线。

用膨胀螺栓固定吊杆时，根据龙骨间距及吊点位置，按设计要求在顶棚下弹出吊点布置线和位置。对平顶顶棚，其吊点位置一般是按每平方米布置1个，在顶棚上均匀排布，对于有层级造型的吊顶，应注意在分层交界处布置吊点，吊点间距为0.8~1.2m，吊点距离边龙骨不大于300mm。较大的灯具应安排单独吊点来吊挂。

放线之后，应进行检查复核，主要检查吊顶以上部位的位置和管道对吊顶标高是否有影响，是否能按原标高进行施工、设备与灯具有否相碰等。如发现相互影响，应进行调整。

（2）安装吊杆

根据吊点布置线或预埋铁件位置，进行吊杆的安装。吊杆应垂直并有足够的承载能力，当预埋的杆需要接长时，必须搭焊牢固，焊缝均匀饱满，不虚焊。吊杆间距一般为900~1000mm。吊杆宜采用ϕ8钢筋。

（3）管线设施安装

在顶棚施工前各专业的管线设施应按顶棚的标高控制，按专业施工图安装完毕，并经打压试验和隐检验收。

（4）龙骨安装

1）龙骨架制作

首先按照图纸尺寸进行木条下料，然后按照施工图标注的间距进行龙骨架拼装。龙骨架的拼装较为简单，主要采取钉、钉粘结合的方法。

吊顶的龙骨架在吊装前，应在楼（地）面上进行拼装，拼装的面积一般控制在10m² 以内，否则不便吊装。拼装时，先拼装大片的龙骨骨架，再拼装小片的局部骨架，拼装的方法常采用咬口拼装法，具体做法为：在龙骨上开出凹槽，槽深、槽宽以及槽与槽之间的距离应符合有关规定。然后，将凹槽与凹槽进行咬口拼装。凹槽处应涂胶并用钉子固定。

2）龙骨架吊装

① 木龙骨安装

用吊挂件将大龙骨连接在吊杆上，拧紧螺丝固定牢固（也可用绑扎或铁钉钉牢）。

在房间四周墙上沿吊顶水平控制线，用胀管螺栓或钢钉固定靠墙的小龙骨（也称为沿墙龙骨）。小龙骨应紧贴大龙骨安装。吊顶面层为板材时，板材的接缝处必须有宽度不小于40mm的小龙骨或横撑。小龙骨间距为400mm×500mm。钉中间部分的小龙骨时，应起拱。7~10m跨度的房间，一般按 3/1000 起拱；10~15m跨度，一般按5/1000起拱。

② 龙骨架与吊点固定

木龙骨架采用木吊杆时，截取的木吊杆料应长于吊点与龙骨架实际间距100mm左右，以便于调整高度；木龙骨架采用角钢或扁铁作吊杆时，在其端头要钻 2~3 个孔以便调整高度。角钢与木骨架的连接点可选择骨架的角位,用 2 枚木螺钉固定。扁铁与吊点连接件的连接可用 M6 螺栓,与木骨架用 2 枚木螺钉连接固定,吊点安装常采用膨胀螺栓、射钉、预埋铁件等方法。

A. 用冲击电钻在建筑结构面上打孔,然后放入膨胀螺栓。用射钉将角铁等固定在建筑结构底面。

B. 当在装配式预制空心楼板顶棚底面采用膨胀螺栓或射钉固定吊点时,其吊点必须设置在已灌实的楼板板缝处。

吊筋安装常采用钢筋、角钢、扁铁或方木,其规格应满足承载要求,吊筋与吊点的连接可采用焊接、钩挂、螺栓或螺钉的连接等方法。吊筋安装时,应做防腐、防火处理。

③ 龙骨架分片吊装与连接

将拼接组合好的木龙骨架托起至吊顶标高位置,先做临时固定。临时固定的方法有:低于 3m 的吊顶骨架用高度定位杆做支撑;超过 3m 的吊顶骨架可先用钢丝固定在吊点上,然后根据吊顶标高线拉出纵横水平基准线。进行整片骨架调平,然后即将其靠墙部分与沿墙边龙骨钉接。

分片龙骨架在同一平面对接时,将其端头对正,然后用短木方钉于对接处的侧面或顶面进行加固。重要部位的骨架分片间的连接,应选用铁件进行加固。

④ 叠级吊顶

一般是自上而下开始吊装,其高低面的衔接,先以一条木方斜向将上下骨架定位,再用垂直方向的木方把上下两平面的龙骨架固定连接。

⑤ 龙骨架整体调平

在各分片顶龙骨架安装就位之后,对于吊顶面需要设置的送风口、检修孔、内嵌式吸顶灯盘及窗帘盒等,在其预留位置处要加设骨架,进行必要的加固处理及增设吊杆等。全部按设计要求到位后,即在整个吊顶面下拉十字交叉的标高线,用以检查吊顶面的整个平整度及拱度,并且进行适当的调整。调整方法是,拉紧吊杆或下顶撑木,以保证龙骨吊平、顺直、中部起拱,校正后,应将龙骨的所有吊挂件和连接件拧紧、夹牢。

(5) 罩面板安装

1) 安装方法

在木骨架底面安装顶棚罩面板,罩面板的品种较多,应按设计要求的品种、规格和固定方式分为圆钉钉固法、木螺丝拧固法、胶结粘固法三种方式。

① 圆钉钉固法:这种方法多用于胶合板、纤维板的罩面板安装。在已装好并经验收的木骨架下面,按罩面板的规格和拉缝间隙,在龙骨底面进行分块弹线,在吊顶中间顺通长小龙骨方向,先装一行作为基准,然后向两侧延伸安装。固定罩面板的钉距为 200mm。

② 木螺丝固定法:这种方法多用于塑料板、石膏板、石棉板。在安装前单面板四边按螺钉间距先钻孔,安装程序与方法基本上同圆钉钉固法。

③ 胶结粘固法：这种方法多用于钙塑板，安装前板材应选配修整，使厚度、尺寸、边棱齐整一致。每块罩面板粘贴前应进行预装，然后在预装部位龙骨框底面刷胶，同时在革面板四周刷胶，刷胶宽度为 10～15mm，经 5～10min 后，将罩面板压粘在预装部位。每间顶棚先由中间行开始，然后向两侧分行逐块粘贴。胶粘剂按设计规定，设计无要求时，应经试验选用。

2）胶合板安装工艺

胶合板作为木龙骨吊顶的常用罩面板，其安装工艺如下：

① 施工准备

按照吊顶骨架分格情况，在挑选好的板材正面上画出装钉线，以保证能将面板准确地固定于木龙骨上。根据设计要求切割板块。方形板块应注意找方，保证四角为直角；当设计要求钻孔并形成图案时，应先做样板，按样板制作。然后在板块的正面四周，用手工细刨或电动刨刨出 45°倒角，宽度 2～3mm，对于要求不留缝隙的吊顶面板，此种做法有利于在嵌缝补腻子时使板缝严密并减少以后的变形程度。对于有留缝装饰要求的吊顶面板，可用木工修边机根据图纸要求进行修边处理。

对有防火要求的木龙骨吊顶，其面板在以上工序完毕后应在面板反面涂防火涂料，晾干备用。对木骨架的表面应做同样的处理。

② 胶合板铺钉

A. 板材预排布置。对于不留缝隙的吊顶面板，有两种排布方式：一是整板居中，非整板布置于两侧；二是整板铺大面，非整板放在边缘部位。

B. 预留设备安装位置。吊顶顶棚上的各种设备，例如空调冷暖送风口、排气口、暗装灯具口等，应根据设计图纸，在吊顶面板上预留开口。

C. 面板铺钉。从板的中间向四周展开铺钉，钉位按画线确定，钉距为80～150mm。

3）纸面石膏板安装工艺

纸面石膏板作为木龙骨吊顶的常用罩面板，其安装要点如下：

① 尽量以整张铺设。提高工作效率，减少板缝。

② 板边应落在龙骨上，便于固定。

③ 固定纸面石膏板应采用平头自攻螺丝，间距 100mm 左右。

④ 应根据施工时温度留有一定板缝，便于变形时有一定的伸缩余地。

（6）接缝处理

木吊顶的边缘接缝处理，主要是指不同材料的吊顶面交接处的处理，如吊顶面与墙面、柱面、窗帘盒、设备开口之间，以及吊顶的各交接面之间的衔接处理。接缝处理的目的是将吊顶转角接缝盖住。接缝处理所用的材料通常是木装饰线条、不锈钢线条和铝合金线条等。

常见的接缝处理形式如下：

1）阴角处理

阴角是指两吊顶面相交时内凹的交角。常用木线角压住，在木线角的凹进位置打入钉子，钉头孔眼可以用与木线条饰面相同的涂料点涂补孔。

2）阳角处理

阳角是指两吊顶面相交时外凸的交角，常用的处理方法有压缝、包角等。

3）过渡处理

过渡处理是指两吊顶面相接高度差较小时的交接处理，或者两种不同吊顶材料对接处的衔接处理。常用的过渡方法是用压条来进行处理，压条的材料有木线条或金属线条。木线条和铝合金线（角）条可直接钉在吊顶面上，不锈钢线条是用胶粘剂粘在小木方衬条上，不锈钢线条的端头一般做成 30°或 45°角的斜面，要求斜面对缝紧密、贴平。

【任务练习】

1. 木龙骨吊顶工程的工艺流程？
2. 木龙骨吊顶工程的质量标准？

任务 3.3　铝合金龙骨吊顶施工

【任务概述】

铝合金龙骨吊顶由 U 形轻钢龙骨作主龙骨（承载龙骨）与 L、T 形铝合金龙骨组装的双层吊顶龙骨可承受附加荷载，能上人。由 L 形、T 形铝合金龙骨组装的单层轻型吊顶龙骨架承载力有限，不能上人。单层龙骨做法是铝合金龙骨吊顶较多采用的做法。

T 形金属龙骨吊顶一种是明龙骨，操作时将饰面板直接摆放在 T 形龙骨组成的方格内，T 形龙骨的横翼外露，外观如同饰面板的压条效果。另一种是暗龙骨，施工时将饰面板凹槽嵌入 T 形龙骨的横翼上，饰面板直接对缝，外观见不到龙骨横理，形成大片整体拼装图案。

【任务描述】

铝合金龙骨吊顶施工工艺流程：

弹线→安装吊点坚固件→安装大龙骨→安装中、小龙骨→检查调整龙骨系统→放置或镶嵌罩面板。

【任务准备】

（1）材料准备

1）龙骨材料

T 形铝合金龙骨及配件（吊挂件、连接件等）。铝合金龙骨多为中龙骨，其断面为 T 形（安装时倒置），断面高度有 32mm 和 35mm 两种，在吊顶边上的中龙骨面为断面 L 形。小龙骨（横撑龙骨）的断面为 T 形（安装是倒置），断面高度有 23mm 和 32mm 两种。

目前国内常用的铝合金龙骨及其配件，按其龙骨断面的形状、宽度分为几个系列，各厂家的产品规格也不完全统一（互换性差），在选用龙骨时要注意选用同一厂家的产品。

2）饰面板材

矿棉板、玻璃纤维板、装饰石膏板、钙塑装饰板、珍珠岩复合装饰板、钙塑泡沫塑料装饰板、岩棉复合装饰板等轻质板材，亦可用纸面石膏板、石棉水泥板等。

3）吊板

钢筋、8号铅丝2股、10号镀锌钢丝6股。

4）固结材料

花篮螺丝、射钉、自攻螺钉、膨胀螺栓等。

（2）机具准备

同轻钢龙骨施工。

【任务实施】

（1）弹线

同轻钢龙骨施工。

（2）安装吊点紧固件

同轻钢龙骨不上人方法。

（3）安装大龙骨

采用单层龙骨时，大龙骨 T 形断面高度采用 38mm，适用于不上人明龙骨吊顶。有时采用一种中龙骨，纵横交错排列，避免龙骨纵向连接，龙骨长度为 2~3 个方格。单层龙骨安装方法，首先沿墙面上的标高线固定边龙骨，边龙骨底面与标高线齐平，在墙上用 ϕ20 钻头钻孔，间距 500mm，将木楔子打入孔内，边龙骨钻孔，用木螺丝将龙骨固定于木楔上，也可用 ϕ6 塑料胀管木螺丝固定，然后再安装其他龙骨，吊挂吊紧龙骨，吊点采用 900mm×900mm 或 900mm×1000mm，最后调平、调直、调方格尺寸。

（4）安装中、小龙骨

首先安装边小龙骨，边龙骨底面沿墙面标高线齐平固定墙上，并和大龙骨挂接，然后安装其他中龙骨。中、小龙骨需要接长时，用纵向连接件，将特制插头插入插孔即可，插接件为单向插头，不能拉出。

在横撑龙骨端部用插接件，插入龙骨插孔即可固定，插件为单向插接，安装牢固。整个房间安装完工后，进行检查，调直、调平龙骨。

（5）安装面板

当采用明式龙骨时，龙骨方格调整平直后，将罩面板直接摆放在方格中，由龙骨翼缘承托饰面板四边。为了便于安装饰面板，龙骨方格内侧净距一般应大于饰面板尺寸 2mm；饰面板尺寸通常为 600mm×600mm，600mm×1200mm，500mm×500mm。当采用暗式龙骨时，用卡子将罩面板暗挂龙骨上。

【任务练习】

1. 铝合金龙骨吊顶工程的工艺流程？

2. 铝合金龙骨吊顶工程的质量标准？

项目实训　吊顶施工

通过下列（图1）实训，充分理解吊顶工程的材料、构造、施工工艺和验收方法。使自己在今后的设计和施工实践中能够更好地把握吊顶工程的材料、构造、施工、验收的主要技术关键。

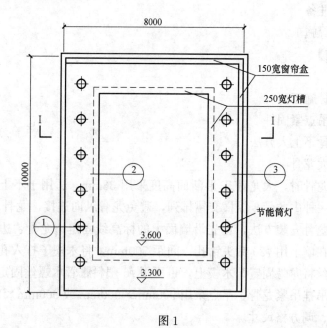

图1

1. 根据图 1 所示的某企业会议室设计悬吊式吊顶的构造，请画出吊顶与墙面的交接构造。

2. 根据图纸编写会议室轻钢龙骨吊顶的施工工艺。

楼地面装饰工程

1. 建筑地面构造

建筑地面是建筑物底层地面（地面）和楼层地面（楼面）的总称，由基层和面层两部分组成。基层是指面层下的结构层，包括基土、垫层（灰土垫层、砂垫层和砂石垫层、碎石垫层和碎砖垫层、三合土垫层、炉渣垫层、水泥混凝土垫层）或为了找坡、隔声、保温、防水或敷设管线等功能需要而设置的找平层、隔离层、填充层等。建筑面层按《建筑地面工程施工质量验收规范》GB 50209—2010 的要求，划分为整体面层、板块面层以及木、竹面层三个子分部工程。各个构造层的作用如下：

（1）面层

直接承受各种物理和化学作用的表面层，建筑地面的名称按其面层名称而定。

（2）结合层

面层与下一结构层连接的中间层，也可作为面层的弹性基层。

（3）基层

基层是指面层下的结构层，包括填充层、隔离层、找平层、垫层和基土。

（4）找平层

在垫层上、楼板上或填充层（轻质、松散材料）上起整平、找坡或加强作用的结构层。

（5）隔离层

防止底层地面上各种液体（指水、油渗入非腐蚀性液体和腐蚀性液体）浸湿或地下水、潮气渗透地面等作用的构造层。仅防止地下潮气透过地面时，则称为防潮层。

（6）填充层

当面层、垫层和基土（或结构层）尚不能满足使用上或结构上的要求而增设的填充层，在建筑地面上起隔声、保温、找坡或敷设暗管线等作用的结构层。

（7）垫层

承受并传递地面荷载于基土上的构造层。

（8）基土

地面垫层下的土层（含地基加强或软土地基表面加固处理）。

以上所列各构造层，并非各种地面都具备。底层地面的基本结构层为面层、垫层和基土；楼层地面的基本结构层为面层和楼板。当底层地面和楼层地面的基本结构层不能满足使用或结构要求时，可增设结合层、隔离层、填充层、找平层等其他构造层。建筑地面构造如图 4-1 所示。

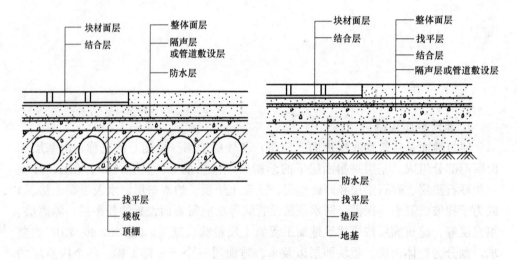

图 4-1

2. 地面设计要求

楼面、地面分别为楼层与底层地面的面层，是日常生活、工作和生产时必须接触的部分，也是建筑中直接承受荷载，经常受到摩擦、清扫和冲洗的装修部分，因此，对它有一定的要求。

（1）坚固耐久。能抗磨损、耐水及其他液体的侵蚀，在光照作用下不变质，不会由于霉菌作业而破坏，表面平整光洁、易清洗和不起灰。

（2）保温性能好。要求地面材料的导热系数小，给人以温暖舒适的感觉，冬季时走在上面不致感到寒冷。

（3）外形美观。地面的材料质感，图案及色彩应符合美学要求，并与房间的用途相适应。

（4）某些特殊要求：如电话机房、计算机机房等，应能抗静电及磁场干扰；对有酸碱作用的房间，则要求地面有防腐能力；对有水的房间，地面应做好防腐防潮。

3. 地面的类型

按面层所用材料和施工方式不同，常见地面做法可分为以下几类：

(1) 整体地面：是指在现场用浇筑的方法做成的整片地面。常用有水泥砂浆地面、水泥混凝土地面和水磨石地面。

(2) 块材地面：是利用各种预制块材和板材镶铺在基层地面上的地面。常用的有砖铺地面、面砖、陶瓷马赛克地面、花岗石地面、大理石地面和木地面等。

(3) 卷材地面：常用的有塑料地板地面、橡胶地毡楼地面和地毯地面。

(4) 涂料地面：是利用涂料在水泥砂浆或混凝土地面的表面上涂刷而成的地面。

4. 建筑地面工程质量检验基本规定

(1) 建筑地面工程采用的材料应按设计要求和本规范的规定选用，并应符合挂架标准的规定；进场材料应有中文质量合格证明文件、规格、型号及性能检测报告，对重要材料应有复验报告。

(2) 厕浴间和有防滑要求的建筑地面的板块材料应符合设计要求。

(3) 建筑地面下的沟槽、暗管等工程完工后，经检验合格并做隐藏记录，方可进行建筑地面工程的施工。建筑地面工程基层（各构造层）和面层的铺设，均应待其下一层检验合格后方可施工上一层。建筑地面工程各层铺设前与相关专业的分部（子分部）工程、分项工程以及设备管道安装工程之间，应进行交接检验。各类面层的铺设宜在室内装饰工程完工后进行。木、竹面层以及活动地板、塑料板、地毯面层的铺设，应待抹灰工程或管道施压等施工完工后进行。

(4) 厕浴间、厨房和有排水（或其他液体）要求的建筑地面面层与相连接各类面层的标高差应符合设计要求。

任务 4.1　整体面层施工

【任务概述】

整体面层是按设计要求选用不同材质和相应配合比，一次性连续铺筑而成的面层。施工一般基本规定如下：

(1) 铺设整体面层时，其水泥类基层的抗压强度不得小于 1.2MPa；表面应粗糙、洁净、湿润并不得有积水。铺设前宜刷界面处理剂。

(2) 铺设整体面层，应符合设计要求。整体面层的变形缝应按设计要求设置，并应符合下列规定：

1) 整体面层的沉降缝、伸缩缝和防震缝，应与结构相应缝的位置一致，且应贯通建筑地面的各构造层。

2) 沉降缝和防震缝的宽度应符合设计要求，缝内清理干净，以柔性密封材料填嵌后用封板封盖，并与面层齐平。

（3）整体面层施工后，养护时间不少于 7d，抗压强度应到 5MPa 后，方准上人行走；抗压强度应达到设计要求后，方可正常使用。

（4）当采用掺有水泥拌和料做踢脚线时，不得用石灰砂浆打底。

（5）整体面层的抹平工作应在水泥初凝前完成，压光工作在水泥终凝前完成。

4.1.1　水泥混凝土面层施工

【学习目标】

1. 能够根据实际工程合理进行水泥混凝土面层施工准备。

2. 掌握水泥混凝土面层工艺流程。

3. 能正确使用检测工具对水泥混凝土面层施工质量进行检查验收。

4. 能够进行安全、文明施工。

【任务描述】

水泥混凝土面层施工工艺流程如下：

检验水泥、砂子、石子质量→配合比试验→技术交底准备机具设备→基底处理→找标高—贴饼冲筋→搅拌→铺设混凝土面层→振捣→抹面找平→压光→养护→检查验收。

【相关知识】

（1）施工前在四周墙身弹好水准基准水平墨线（如＋500mm 线）。

（2）门框和楼地面预埋件、水电设备管线等均应施工完毕并经检查合格。对于有室内外高差的门口位置，如果是安装有下槛的铁门时，尚应考虑室内外完成面能各在下槛两侧收口。

（3）各种立管孔洞等缝隙应先用细石混凝土灌实堵严（细小缝隙可用水泥砂浆灌堵）。

（4）办好作业层的结构隐蔽验收手续，应已对所覆盖的隐蔽工程进行验收且合格，并进行隐检会签。

（5）作业层的顶棚、墙柱施工完毕。

（6）作业时的环境如天气、温度、湿度等状况应满足施工质量可达到标准的要求。

【任务准备】

（1）材料准备

1）水泥采用普通硅酸盐水泥、矿渣硅酸盐水泥，其强度等级不得低于32.5 级。

2）砂宜采用中砂或粗砂，含泥量不应大于 3％。

3）石材用碎石或卵石，其最大粒径不应大于面层厚度的 2/3；当采用细石混凝土面层时，石子粒径不应大于 15mm；含泥量不应大于 2％。

4）水宜采用饮用水。

5）粗骨料的级配要适宜。粒径不大于 15mm，也不应大于面层厚度的 2/3，含泥量不大于 2％。

6）材料的关键要求

① 根据施工设计要求计算水泥、砂、石等的用量，并确定材料进场日期。

② 按照现场施工平面布置的要求，对材料进行分类堆放和做必要的加工处理。

③ 水泥的品种与强度等级应符合设计要求，且有出厂合格证明及检验报告方可使用。

④ 砂、石不得含有草根等杂物；砂、石的粒径级应通过筛分试验进行控制含泥量应按规范严格控制。

⑤ 水泥混凝土应均匀拌制，且达到设计要求的强度等级。

（2）机具准备

混凝土搅拌机、拉线和靠尺、捋角器及地碾（用于碾压混凝土面层，代替平板振动器的振实工作，且在碾压的同时，能提浆水，便于表面抹灰）、平板振捣器、手推车、计量器、筛子、木耙、铁锹、小线、钢尺、胶皮管、木拍板、刮杠、木抹子、铁抹子等。

【任务实施】

（1）基层清理

把沾在基层上的浮浆、落地灰等用錾子或钢丝刷清理掉，再用扫帚将浮土清扫干净；如有油污，应用5％～10％浓度火碱水溶液清洗。湿润后，刷素水泥浆或界面处理剂，随刷随浇筑混凝土，避免间隔时间过长风干形成空鼓。

（2）弹线、找标高

1）根据水平标准线和设计厚度，在四周墙、柱上弹出面层的标高控制线。

2）按线拉水平线抹找平墩（60mm×60mm，与面层完成面同高，用同种混凝土），间距双向不大于2m。有坡度要求的房间应按设计坡度要求拉线，抹出坡度墩。

3）面积较大的房间为保证房间地面平整度，还要做冲筋，以做好的灰饼为标准抹条形冲筋，高度与灰饼同高，形成控制标高的"田"字格，用刮尺刮平，作为混凝土面层厚度控制的标准。当天抹灰墩、冲筋，并应当天抹完灰，不应隔夜。

（3）混凝土搅拌

1）混凝土的配合比应根据设计要求通过试验确定。

2）投料必须严格过磅，精确控制配合比。每盘投料顺序为石子→水泥→砂→水。应严格控制用水量，搅拌要均匀，搅拌时间不少于90s，坍落度一般不应大于30mm。

（4）混凝土铺设

1）铺设前应按标准水平线用木板隔成宽度不大于3m的条形区段，以控制面层厚度。

2）铺设时，先刷以水胶比为0.4～0.5的水泥浆，并随刷随浇筑混凝土，用刮尺找平。浇筑水泥混凝土的坍落度不宜大于30mm。

3）水泥混凝土面层宜采用机械振捣，必须振捣密实。采用人工捣实时，滚筒要交叉滚压 3～5 遍，直至表面泛浆为止，然后进行抹平和压光。

4）水泥混凝土面层不得留置施工缝。当施工间歇超过规定的允许时间后，在继续浇筑混凝土时，应对已凝结的混凝土接茬处进行处理，用钢丝刷刷到石子外露，表面用水冲洗，并涂以水胶比为 0.4～0.5 的水泥浆，再浇筑混凝土，并应捣实压平，使新旧混凝土接缝紧密，不显接头茬。

5）混凝土面层应在水泥初凝前完成抹平工作，水泥终凝前完成压光工作。

6）浇筑钢筋混凝土楼板或水泥混凝土垫层兼面层时，宜采用随捣随抹的方法。当面层表面出现泌水时，可加干拌的水泥和砂进行撒匀，其水泥和砂的体积比宜为 1：2～1：2.5（水泥：砂），并进行表面压实抹光。

7）水泥混凝土面层浇筑完成后，应在 12h 内加以覆盖和浇水，养护时间不少于 7d。浇水次数应能保持混凝土具有足够的湿润状态。

8）当建筑地面要求具有耐磨损、不起灰、抗冲击、高强度时，宜采用耐磨混凝土面层。它是以水泥为主要胶结材料，配以化学外加剂和高效矿物掺和料，达到高强和高粘结力；选用人造烧结材料、天然硬质材料为骨料的耐磨混凝土面层铺在新拌水泥混凝土基层上形成复合面强化的现浇整体面层。

9）如在原有建筑地面上铺设时，应先铺设厚度不小于 30mm 的水泥混凝土一层，在混凝土未硬化前随即铺设耐磨混凝土面层，要求如下：

① 耐磨混凝土面层厚度，一般为 10～15mm，但不应大于 30mm。

② 面层铺设在水泥混凝土垫层或结合层上，垫层或结合层的厚度不应小于 50mm。当有较大冲击作用时，宜在垫层或结合层内加配防裂钢筋网，一般采用 φ6@150～200mm 双向网格，并应放置在上部，其保护层控制在 20mm。

③ 当有较高清洁美观要求时，宜采用彩色耐磨混凝土面层。

④ 耐磨混凝土面层，应采用随捣随抹的方法。

⑤ 对复合强化的现浇整体面层下基层的表面处理同水泥砂浆面层。

⑥ 对设置变形缝的两侧 100～150mm 宽范围内的耐磨层应进行局部加厚 3～5mm 处理。

（5）混凝土振捣和找平

1）用铁锹铺混凝土，厚度略高于找平墩，随即用平板振捣器振捣。厚度超过 200mm 时，应采用插入式振捣器，其移动距离不大于作用半径的 1.5 倍，做到不漏振，确保混凝土密实。振捣以混凝土表面出现泌水现象为宜，或者用 30kg 重滚纵横滚压密实，表面出浆即可。

2）混凝土振捣密实后，以墙柱上的水平控制线和找平墩为标志，检查平整度，凸的铲掉，凹处补平。撒一层干拌水泥砂（水泥：砂＝1：1），用水平刮杠刮平。有坡度要求的，应按设计要求的坡度施工。

（6）表面压光

1）当面层灰面吸水后，用木抹子用力搓打、抹平，将干拌水泥砂浆与混凝土浆混合，使面层达到紧密接合。

2）第一遍抹压：用铁抹子轻轻抹压一遍直到出浆为止。

3）第二遍抹压：当面层砂浆初凝后（上人有脚印但不下陷），用铁抹子把凹坑、砂眼填实抹平，注意不得漏压。

4）第三遍抹压：当面层砂浆终凝前（上人有轻微脚印），用铁抹子用力抹压。把所有抹纹压平压光，达到面层表面密实光洁。

（7）养护

压光12h后即覆盖并洒水养护，养护应确保覆盖物湿润，每天应洒水3～4次（天热时增加次数），需要延续10～15d。但当日平均气温低于5℃时，不得浇水。

（8）冬季施工

环境温度不应低于5℃。如果在负温下施工时，所掺抗冻剂必须经过试验室试验合格后方可使用。不宜采用氯盐、氨等作为抗冻剂，使用时掺量必须严格按照规范规定的控制量和配合比通知单的要求加入。

【任务评价】

质量标准如下：

（1）主控项目

1）水泥混凝土采用的粗骨料，其最大粒径不应大于面层厚度的2/3，细石混凝土面层采用的石子粒径不应大于15mm。

检验方法：观察检查和检查材质合格证明文件及检测报告。

2）面层的强度等设计要求，水泥混凝土面层强度等级不应小于C20；水泥混凝土垫层兼面层的强度等级不应小于C15。

检验方法：检查配合比通知单及检测报告。

3）面层与下一层应结合牢固，无空鼓、裂纹。

检验方法：用小锤轻击检查。

需要说明的是：空鼓面积不应大于400cm^2，且每自然间（标准间）不多于2处可不计。

（2）一般项目

1）面层表面不应有裂纹、脱皮、麻面、起砂等缺陷。

检验方法：观察检查。

2）面层表面的坡度应符合设计要求，不得有倒泛水和积水现象。

检验方法：观察和采用泼水或用坡度尺检查。

3）水泥砂浆踢脚线与墙面紧密结合，高度一致，出墙厚度均匀。

检验方法：用小锤轻击、钢尺和观察检查。

需要说明的是：局部空鼓长度不应大于300mm，且每自然间（标准间）不多于2处可不计。

4）楼梯踏步的宽度、高度应符合设计要求。楼层梯段相邻踏步高度差不应大于10mm，每踏步两端宽度差不应大于10mm，旋转楼梯梯段的每踏步两端宽度的允许偏差为踏步的齿角应整齐，防滑条应顺直。

检验方法：观察和尺检查。

5）水泥混凝土面层的允许偏差应符合表 4-1 的规定。

检验方法：按表 4-1 检验方法检查。

水泥混凝土面层的允许偏差和检验方法　　　　　表 4-1

项次	项目	允许偏差(mm)	检验方法
1	表面平整度	5	用 2m 靠尺和楔形塞尺检查
2	踢脚线上口平直	4	拉 5m 线和用钢尺检查，不足 5m 拉通线检查
3	缝格平直	3	拉 5m 线和用钢尺检查，不足 5m 拉通线检查

【任务练习】

1. 水泥混凝土面层工艺流程如何？

2. 简述水泥混凝土面层的施工方法。

3. 简述水泥混凝土面层的质量评价标准。

4.1.2　水泥砂浆面层施工

【学习目标】

1. 能够根据实际工程合理进行水泥砂浆面层施工准备。

2. 掌握水泥砂浆面层工艺流程。

3. 能正确使用检测工具对水泥砂浆面层施工质量进行检查验收。

4. 能够进行安全、文明施工。

【任务描述】

水泥砂浆面层施工工艺流程如下：

检验水泥、砂质量→配合比试验→技术交底→准备机具设备→基地处理→找标高→贴饼冲筋→搅拌→铺设砂浆面层→抹平→压光→养护→检查验收。

【相关知识】

（1）水泥砂浆面层在房屋建筑中是应用最广泛的一种建筑地面工程类型。水泥砂浆面层是用细骨料（砂），以水泥材料做胶结料加水按一定的配比，经拌制成的水泥砂浆拌和料，铺设在水泥混凝土垫层、水泥混凝土找平层或钢筋混凝土板等基层上而成。

（2）水泥砂浆的强度等级不应小于 M15；如采用体积配比宜为 1∶2～1∶2.5（水泥∶砂）。水泥石屑的体积配合比一般采用 1∶2（水泥∶石屑）。

（3）水泥砂浆面层构造

水泥砂浆面层的厚度不应小于 20mm。

水泥砂浆面层有单层和双层两种做法。单层做法：其厚度 20mm，采用体积比宜为 1∶2（水泥∶砂）。双层做法：下层的厚度为 12mm，采用体积配合比宜为 1∶2.5（水泥∶砂）。

【任务准备】

（1）材料准备

1）水泥砂浆面层所用水泥，宜优先采用硅酸盐水泥、普通硅酸盐水泥，且强度等级不得低于 32.5 级。如果采用石屑代砂时，水泥强度等级不低于 42.5 级。上述品种水泥在常用水泥中具有早起强度高、水化热大、干缩值较小等优点。

2）如采用矿渣硅酸盐水泥，其强度等级不低于 42.5 级，在施工中严格按施工工艺操作，且要加强养护，方能保证工程质量。

3）水泥砂浆面层所用的砂，应采用中砂或粗砂，也可两者混合使用，其含泥量不得大于 3%。因为细砂拌制的砂浆强度要比粗、中砂拌制的砂浆强度约低 25%～35%，不仅其耐磨性差，而且还有干缩性大，容易产生收缩裂缝等缺点。

4）如采用石屑代砂，粒径宜为 3～6mm，含泥量不大于 3%。

5）材料配合比

① 水泥砂浆：面层水泥砂浆的配合比应不低于 1∶2，其稠度不大于 3.5cm。水泥砂浆必须拌和均匀，颜色一致。

② 水泥石屑浆：如果面层采用水泥石屑浆，其配合比为 1∶2，水胶比为 0.3～0.4，并特别要求做好养护工作。

（2）机具准备

砂浆搅拌机、拉线和靠尺、抹子和木杠、捋角器及地面磨光机（用于水泥砂浆面层磨光）。

【任务实施】

（1）基层处理

1）垫层上的一切浮灰、油渍、杂质等必须仔细清除，否则形成一层隔离层，会使面层结合不牢。

2）表面较滑的基层，应进行凿毛，并用清水冲洗干净，冲洗后的基层，最好不要上人。

3）宜在垫层或找平层的砂浆或混凝土的抗压强度达到 1.2MPa 后，再铺设面层砂浆，这样才不致破坏其内部结构。

4）铺设地面前，还要再一次将门框校核找正，方法是先将门框锯口线抄平校正，并注意当地面面层铺设后，门扇与地面的间隙（风格）应符合规定要求。然后将门框固定，防止结构位移，破坏其内部结构。

（2）弹线、做标筋

1）地面抹灰前，应先在四周墙上弹出一道水平基准线，作为确定水泥砂浆面层标高的依据。水平基准线是以地面±0.000 及楼层砌墙前的抄平点为依据，一般可根据情况在标高 50cm 的墙上。

2）根据水平基准线再把楼地面面层上皮的水平辅助基准线弹出。面积不大的房间，可根据水平基准线直接用长木杠抹标筋，施工中进行几次复尺即可。面积较大的房间，应根据水平基准线在四周墙角处每隔 1.5～2.0m 用 1∶2 的水泥砂浆抹标志块，标志块大小一般是 8～10cm 见方。待标志块结硬后再以标志块的高度做出纵横方向通长的标筋以控制面层的厚度。地面标筋用 1∶2 水泥砂浆，宽度一般为 8～10cm。做标筋时，要注意控制面层厚度，面层的厚度应与门框的锯口线吻合。

3）对于厨房、浴室、卫生间等房间的地面，需将流水坡度找好。有地漏的房间，要在地漏四周找出不小于5％的泛水。抄平时要注意各室内地面与走廊高度的关系。

（3）水泥砂浆面层铺设

1）水泥砂浆应采用机械搅拌，拌和要均匀，颜色一致，搅拌时间不应小于2min。水泥砂浆的稠度（以标准圆锥体沉入度计，以下同）。当在炉渣垫层上铺设时，宜为25～35mm；

当在水泥混凝土垫层上铺设时，应采用干硬性水泥砂浆，以手捏成团稍出浆为准。

2）施工时，先刷水胶比0.4～0.5的水泥浆，随刷随铺随拍实，并应在水泥初凝前用木抹搓平压实。

3）面层压光宜用钢皮抹子分三遍完成，并逐遍加大用力压光。当采用地面抹光机压光时，在压第二、第三遍中，水泥砂浆的干硬度应比手工压光稍干一些。压光工作应在终凝前完成。

4）当水泥砂浆面层的干湿度不适宜时，可采取淋水或干拌的1：1水泥和砂（体积比，砂须过3mm筛）进行抹平压光工作。

5）当面层需分格时，应在水泥初凝后进行弹线分格。先用木抹搓一条约一抹子宽的面层，用钢皮抹子压光，并用分格器压缝，风格应平直，深浅要一致。

6）当水泥砂浆面层内埋设管线等出现局部厚度减薄处并在10mm及10mm以下时，应按设计要求做防止面层开裂处理后方可施工。

7）水泥砂浆面层铺好经1d后，用锯屑、砂或草袋盖洒水养护，每隔两次，不少于7d。

8）当水泥砂浆面层采用矿渣硅酸盐水泥拌制时，施工中应采取下列措施：

① 严格控制水胶比，水泥砂浆稠度不应大于35mm，宜采用干硬性或半干硬性砂浆。

② 精心进行压光工作，一般不应少于三遍。

③ 养护期应延长到14d。

9）当采用石屑代砂铺设水泥石屑面层时，施工除应执行上述的规定外，尚应符合下列规定：

① 采用的石屑粒径宜为3～5mm，其含粉量不应大于3％。

② 水泥宜采用硅酸盐水泥、普通硅酸盐水泥，其强度等级不宜小于42.5级。

③ 水泥与石屑的体积比宜为1：2（水泥：石屑），其水胶比宜控制在0.4。

④ 面层的压光工作不应小于两次，并做养护工作。

10）当水泥砂浆面层出现局部起砂等施工质量缺陷时，可采用108胶水泥腻子进行修理、补强和装饰。施工工艺：处理好基层、表面洒水湿润，涂刷108胶一遍，满刮腻子2～5遍，厚度控制在0.7～1.5mm，洒水养护、砂纸磨平、清除粉尘，再涂刷纯108胶一遍或做一道胶面。

【任务评价】

1. 质量标准

（1）主控项目

1）水泥采用硅酸盐水泥、普通硅酸盐水泥，其强度等级不应小于 32.5 级，不同品种、不同强度的水泥严禁混用；砂应为中粗砂，当采用石屑时，其粒径应为 1~5mm，且含泥量不应大于 3%。

检验方法：观察检查和检查材质合格证明文件及检测报告。

2）水泥砂浆面层的体积比（强度等级）必须符合设计要求；且体积比应为 1：2，强度等级不应小于 M15。

检验方法：检查配合比通知单和检测报告。

3）面层与下一层应结合牢固，无空鼓、裂纹。

检验方法：用小锤轻击检查。

注：空鼓面积不应大于 400cm²，且每自然间（标准间）不多于 2 处可不计。

（2）一般项目

1）面层表面的坡度应符合设计要求，不得有泛水和积水现象。

检验方法：观察和采用泼水或坡度尺检查。

2）面层表面应洁净，无裂纹、脱皮、麻面、起砂等缺陷。

检验方法：观察检查。

3）踢脚线与墙面应紧密结合，高度一致，出墙厚度均匀。

检验方法：用小锤轻击、钢尺和观察检查。

注：局部空鼓长度不应大于 300mm，且每自然间（标准间）不多于 2 处可不计。

4）楼梯踏步的宽度、高度应符合设计要求。楼层梯段相邻踏步高度差不应大于 10mm，每踏步两端宽度差不应大于 10mm，旋转楼梯梯段的每踏步两端宽度的允许偏差为 5mm。楼梯踏步的齿角整齐，防滑条应顺直。

检验方法：观察和钢尺检查。

具体允许偏差和检验方法见表 4-2。

水泥砂浆面层的允许偏差和检验方法　　　　　　　表 4-2

项次	项目	允许偏差（mm）	检验方法
1	表面平整	4	用 2m 靠尺和楔形塞尺检查
2	踢脚线上口平直	4	拉 5m 线和用钢尺检查,不足 5m 拉通线检查
3	缝格平直	3	拉 5m 线和用钢尺检查,不足 5m 拉通线检查

2. 常见的质量通病

（1）水泥砂浆楼地面起砂

1）现象

地面表面粗糙，光洁度差，颜色发白，不坚实。走动后，表面先有松散的水泥灰，用手摸时像干水泥面。随着走动次数的增多，砂粒逐步松动或有成片水泥硬壳剥落，露出松散的水泥和砂子。

2）原因分析

① 水泥砂浆拌合物的水胶比过大，及砂浆稠度过大；根据试验证明，水泥水

化作所需的水分约为水泥重量的 20％～25％，即水胶比为 0.2～0.25。这样小的水胶比，施工操作是有困难的，所以实际施工时，水胶比都大于 0.25。但水胶比和水泥砂浆强度两者是反比例的，水胶比增大，砂浆强度降低。如施工时用水量过多，将会大大降低面层砂浆的强度，同时，施工中还将造成砂浆泌水，进一步降低地面的表面强度，完工后一经走动磨损，就会起灰。

② 工序安排不适当，以及底层过干或过湿等，造成地面压光时间过早或过迟；压光过早，水泥的水化作用刚刚开始，水化产物尚未全部形成，游离水分还比较多，虽经压光，表面还会出现水光（即压光后表面浮游一层水），对面层砂浆的强度和抗磨能力很不利，压光过迟，水泥已终凝硬化，不但操作困难无法消除面层表面的毛细孔及抹痕，而且会扰动已经硬结的表面，也将大大降低面层砂浆的强度和抗磨能力。

③ 养护不适当。水泥加水拌合后，经过初凝和终凝进入硬化阶段。但水泥开始硬化并不是水化作用的结束，而是继续向水泥颗粒内部深入进行。水泥地面完成后，如果不养护或养护天数不够，在干燥环境中面层水分迅速蒸发，水泥的水化作用就会受到影响，减缓硬化速度，严重时甚至停止硬化致使水泥砂浆脱水而影响强度和抗磨能力。此外，如果地面抹好后不到 24h 就浇水养护，也会导致大面积脱皮，砂粒外露，使用后起砂。

④ 水泥地面在尚未达到足够的强度就上人走动或进行下道工序施工，使地面遭受破坏，容易导致地面起砂，这种情况在气温低时尤为显著。

⑤ 水泥地面在冬期低温施工时，若门窗未封闭或无供暖设备，就容易受冻。水泥砂浆受冻后，强度将大幅度下降，这主要是水在低温下结冰时，体积将增加 9％，解冻后不复收缩因而使孔隙率增大，同时，骨料周围的一层水泥浆膜，在冰冻后其粘结力也被破坏，形成松散颗粒，一经人走动也会起砂。

⑥ 原材料不合要求

水泥强度等级低，或用过期结块水泥，受潮结块水泥，这种水泥活性差，影响地面面层强度和耐磨性能。砂子粒度过细，拌合时需水量大，水胶比加大，强度降低。试验证明，用同样配合比做成的砂浆试块，细砂拌制的砂浆强度比用粗、中砂拌制的砂浆强度约低 26％～35％。砂含泥量过大，也会影响水泥和砂的粘结力容易造成地面起砂。

（2）水泥砂浆楼地面面层空鼓

1）现象

楼、地面空鼓多发生于面层和垫层之间，或垫层和基层之间空鼓。空鼓处用小锤敲击有空鼓声。

结构受力后，容易开裂。严重时大片剥落破坏地面使用功能。

2）原因分析

① 垫层（或基层）表面清理不干净，有浮灰、浆膜或其他污物。特别是室内粉刷的白灰砂浆沾污在楼板上，极不容易清理干净，严重影响与面层的结合。

② 面层施工时，垫层（或基层）表面不浇水湿润或浇水不足，过于干燥。铺

设砂浆后，由于垫层吸收水分，致使砂浆强度不高，面层与垫层粘结不牢，另外，干燥的垫层（或基层），未经冲洗，表面的粉尘难于扫除，对面层砂浆起一定的隔离作用。

③ 垫层（或基层）表面有积水，在铺设面层后，积水部分水胶比突然增大，影响面层与垫层之间的粘结，易使面层空鼓。

④ 为了增强面层与垫层（或垫层与基层）之间的粘结力，需涂刷水泥砂浆结合层。操作中存在的问题是，如刷浆过早，铺设面层时所刷的水泥浆已风干硬结，不但没有粘结力，反而起了隔离层的作用，或采用先撒干水泥面后浇水（或先浇水后撒干水泥面）的扫浆方法。由于干水泥面不易撒匀，浇水也有多有少，容易造成干灰层、积水坑，成为日后面层空鼓的潜在隐患。

⑤ 炉渣垫层质量不好。使用未经过筛和未用水焖透的炉渣拌制水泥炉渣垫层（或水泥石灰炉渣垫层），这种粉末过多的炉渣垫层，本身强度低，容易开裂，造成地面空鼓。另外，炉渣内常含有煅烧过的煤石，会变成石灰，若未经水焖透，遇水后消解，体积膨胀而造成地面空鼓。使用的石灰熟化不透，未过筛，含有未熟化的生石灰颗粒，拌合物铺设后，生石灰颗粒慢慢吸水熟化，体积膨胀，使水泥砂浆面层拱起，也将造成地面空鼓、裂缝等缺陷。设置于炉渣垫层内的管道没有用细石混凝土固定牢，产生松动，致使面层开裂、空鼓。

⑥ 门口处砖层过高或砖层湿润不够，使面层砂浆过薄以及干燥过快，造成局部面层裂缝和空鼓。

（3）水泥砂浆地面裂缝

1）现象

出现不规则裂缝，位置不固定，形状也不一。表面有裂缝，也有通底裂缝。

2）原因分析

① 水泥安定性差，或用刚出窑的热水泥，凝结硬化时的收缩量大。或不同品种、不同强度等级的水泥混杂使用，凝结硬化的时间以及凝结硬化时的收缩量不同而造成面层裂缝。

② 砂粒径过细，或含泥量过大，使拌合物的强度低，也容易引起面层收缩裂缝。

③ 面层养护不及时或不养护，产生收缩裂缝。这对水泥用量大的地面，或用矿渣硅酸盐水泥做的楼面尤为显著。在温度高、空气干燥和有风的季节，若养护不及时，楼面更易产生干缩裂缝；水泥砂浆过稀或搅拌不均匀，则砂浆的抗拉强度降低，影响砂浆与基层的粘结，容易导致楼面出现裂缝。

④ 面层因收缩不均匀产生裂缝，预制板未找平，使面层厚度不均，埋设管道、预埋件或地沟盖板偏高偏低等，也将造成面层厚薄不匀，新旧混凝土交界处因吸水率及垫层用料不同，也将造成面层收缩不均，面层压光时撒干水泥面不均匀，也会使面层产生不等量收缩；面积较大的楼面未留伸缩缝，因温度变化而产生较大的胀缩变形，使楼面产生裂缝。

⑤ 结构变形，如因局部楼面堆荷过大而造成构件挠度过大，使构件下沉、错

位，导致楼面产生不规则裂缝。这些裂缝一般是底面裂通的，使用外加剂过量而造成面层较大的收缩值。各种减水剂、防水剂等掺入水泥砂浆或混凝土中后，有增大其收缩值的不良影响，如果掺量不正确，面层完工后又不注意养护，则极易造成面层裂缝。

（4）带地漏的地面倒泛水

1）现象

地漏处地面偏高，地面倒泛水、积水。

2）原因分析

① 阳台（外走廊）、浴厕间的地面一般应比室内地面低 20～50mm，但有时因图纸设计成标高相同，施工时又疏忽，造成地面积水外流。

② 施工前，地面标高抄平弹线不准确，施工中未按规定的泛水坡度冲筋，刮平。

③ 浴厕间地漏过高，以致形成地漏四周积水。

④ 土建施工与管道安装施工不协调，或中途变更管线走向，使土建施工时预留的地漏位置不符合安装要求，管道安装时另行凿洞，造成泛水方向不对。

【任务练习】

1. 水泥砂浆面层工艺流程如何？

2. 水泥砂浆楼地面面层空鼓是什么原因及其防治措施？

3. 带地漏的地面倒泛水是什么原因及其防治措施？

4.1.3　水磨石面层施工

【学习目标】

1. 能够根据实际工程合理进行水磨石面层施工准备。

2. 掌握水磨石面层工艺流程。

3. 能正确使用检测工具对水磨石面层施工质量进行检查验收。

4. 能够进行安全、文明施工。

【任务描述】

水磨石面层施工工艺流程：

检验水泥、石粒质量→配合比试验→技术交底→准备机具设备→基底处理→找标高→铺抹找平层砂浆→养护→弹分格线→搅拌→铺设水磨石拌合料→滚压抹平→养护→试磨→粗磨→补浆→细磨→补浆→磨光→清洗→打蜡上光→检查验收。

【相关知识】

（1）一般规定

水磨石面层属于较高级的建筑地面工程类型之一，也是目前工业与民用建筑中采用较广泛的楼面与地面面层的类型，其特点是：表面平整光滑、不起灰，又可按设计和使用要求做成各种颜色图案，因此应用范围较广。

1）水磨石面层适用于有一定防潮（防水）要求的地段和较高防尘、清洁等建筑地面工程，如工业建筑中一般装配车间、恒温恒湿车间。而在民用建筑和公共建筑中，使用得也很广泛，如机场候机楼、宾馆门厅和医院、宿舍走道、卫生间、饭厅、会议室、办公室等。

2）水磨石面层的结合层的水泥砂浆体积比宜为1∶3，相应的强度等级应不小于 M10，水泥砂浆稠度（以标准圆锥体沉入度计）宜为 30～35mm。

3）水磨石面层可做成单一本色和各种彩色的面层；根据使用功能要求又可分为普通水磨石和高级水磨石面层。

4）水磨石面层是用石粒以水泥材料作胶结料加水按1∶1.5～1∶2.5（水泥∶砂）体积比拌制成的拌合料，铺设在水泥砂浆结合层上而成。

5）水磨石面层厚度（不含结合层）除特殊要求外，宜为 12～18mm，并按选用石粒粒径确定。

（2）水磨石面层构造

水磨石面层是采用水泥与石粒的拌合料在 15～20mm 厚1∶3 水泥砂浆基层上铺设而成。面层厚度除特殊要求外，宜为 12～18mm，并应按选用石粒粒径确定。水磨石面层的颜色和图案应按设计要求，面层分格不宜大于 1000mm×1000mm。

（3）施工作业条件

1）施工前应在四周墙壁弹出基准水平墨线（一般情况下弹＋1000mm 或＋500mm 线）。

2）门框和楼地面预埋件、水电设备管线等均应施工完毕并经检查合格，对于有室内外高差的门口部位，如果是安装有下槛的铁门时，尚应考虑室内外完成面能各在下槛两侧收口。

3）各种立管孔洞等缝隙应先用细石混凝土灌实堵严（细小缝隙可用水泥砂浆灌堵）。

4）办好作业层的结构隐蔽验收手续。

5）作业层的顶棚，墙、柱抹灰施工完毕。

6）石子粒径及颜色须由设计人员认定后再进货。

7）彩色水磨石如用白色水泥掺色粉拌制时，应事先按不同的配合比做样板，交设计人员或业主认可。一般彩色水磨石色粉掺入量为水泥量的 3%～5%，深色则不超过 12%。

8）水泥砂浆找平层施工完毕，养护 2～3d 后施工面层。

【任务准备】

（1）材料准备

1）水泥深色水磨石面层，宜采用硅酸盐水泥、普通硅酸盐水泥或矿渣硅酸盐水泥，其强度等级不应小于 32.5 级；白色或浅色水磨石面层，应采用白水泥。同颜色的面层应使用同一批水泥。

2）石粒应用坚硬可磨的岩石（如白云石、大理石等）加工而成。石粒应有棱角、洁净、无杂质，其粒径除特殊要求外，宜为 6～15mm。石粒应分批按不同品种、规格、色彩堆放在席子上保管，使用前应用水冲洗干净、晾干待用。

3）玻璃条用厚3mm普通平板玻璃裁制而成，宽10mm 左右（视石子粒径而

113

定），长度由分块尺寸决定。

4）铜条用 2～3mm 厚铜板，宽 10mm 左右（视石子粒径定），长度由分块尺寸决定。铜条须经调直才能使用。铜条下部 1/3 处每米钻四个孔（孔径 2mm），穿钢丝备用。

5）颜料：应采用耐光、耐碱的矿物颜料，不得使用酸性颜料。掺入量宜为水泥质量的 3%～6%，或由试验确定，超过量将会降低面层的强度。统一彩色面层应使用同厂同批的颜料。

6）草酸：白色结晶，受潮不松散，块状或粉状均可。

7）蜡用川蜡或地板蜡成品，颜色符合磨面颜色。

8）配合比：水磨石面层拌合料的体积比，一般为水泥∶石料＝1∶（1.5～2.5）。

9）材料的关键要求

① 石子：同一单位工程宜采用同批产地石子，石子大小、颜色均匀。颜色规格不同的石子应分类保管；石子使用前应过筛，水洗净晒干备用。

② 砂：细度模数相同，颜色相近，含泥量小于 3%。

③ 水泥：同一单位工程地面，应使用同一品牌、同一批号的水泥。

④ 颜料：宜用同一品牌、同一批号的颜料。如分两批采购，在使用前必须做适配，确认与施工好的面层颜色无色差才允许使用。

（2）机具准备

机械磨石机或手提式磨石机、滚筒、油石（粗、中、细）、手推车、计量器、筛子、木耙、铁锹、小线、钢尺、胶皮管、拉线和靠尺、木拍板、刮杠、木抹子、铁抹子等。

【任务实施】

（1）基层清理、找标高

1）把粘在基层上的浮浆、落地灰等用錾子或钢丝刷清理掉，再用扫帚将浮土清扫干净。

2）根据水平标准线和设计厚度，在四周墙、柱上弹出面层的水平标高控制线。

（2）贴饼、冲筋

根据水准基准线（如＋500mm 水平线），在地面四周做灰饼，然后拉线打中间灰饼（灰墩），再用干硬性水泥砂浆做软筋（推栏），软筋间距约 1.5m。在有地漏和坡度要求的地面，应按设计要求做泛水和坡度。对于面积较大的地面，则应用水准仪测出面层平均厚度，然后边测标高边做灰饼。

（3）水泥砂浆找平层

1）找平层施工前宜刷水胶比为 0.4～0.5 的素水泥浆，也可在基层洒水湿润后，再撒水泥粉，用竹扫帚（把）均匀涂刷，随刷随做面层，并控制一次涂刷面积不宜过大。

2）找平层用 1∶3 干硬性水泥砂浆，先将砂浆摊平，再用靠尺（压尺）按冲筋刮平，随即用灰板（木抹子）磨平压实，要求表面平整、密实，保持粗糙。找平层抹好后，第二天应浇水养护至少 1d。

（4）分隔条镶嵌

1）找平层养护 1d 后，现在找平层上按设计要求弹出纵横两向直线或图案分格墨线，然后按墨线裁分格条。

2）用纯水泥浆在分格条下部，抹成八字角通长座嵌（与找平层约成 30°角），铜条穿的钢丝要埋好。纯水泥浆的涂抹高度比分格条低 3～5mm。分格条应镶嵌牢固，接头严密，顶在同一水平面上，并拉通线检查其平整度及顺直，见图 4-2。

3）分格条镶嵌好后，隔 12h 开始浇水养护，最少应养护两天，一般 3～5d。

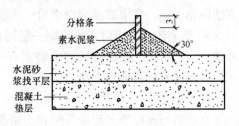

图 4-2

（5）抹石子浆（石米）面层

1）水泥石子浆必须严格按照配合比计量。若彩色水磨石应先按配合比将白水泥和颜料反复干拌均匀，拌完后密筛多次，使颜料均匀混合在白水泥中，并注意调足用量以备补浆之用，以免多次调和产生色差，最后按配合比与石米搅拌均匀，然后加水搅拌。

2）铺水泥石子浆前一天，洒水将基层充分湿润。在涂刷素水泥浆结合层前应将分格条内的积水和浮砂清除干净，接着刷水泥浆一遍，水泥品种与石子浆的水泥品种一致，随即泥石子浆先铺在分格条旁边，将分格条边约 100mm 内的水泥石子浆轻轻抹平压实，以保护分格条，然后再整格铺抹，用灰板（木抹子灰匙）抹平压实（石子浆配合比一般为 1：2.5 或 1：1.5），用靠尺（压尺）刮。面层应比分格条高 5mm，如局部石子浆过厚，应用铁抹子（灰匙）挖去，再将周围的石子浆刮平压实，对局部水泥浆较厚处，应适当补撒一些石子，并压平压实，要达到表面平整，石子（石米）分布均匀。

3）石子浆面至少要经两次用毛刷（横扫）粘拉开面浆（开面），检查石粒均匀（若过于稀疏应及时补上石子）后，再用铁抹子（灰匙）抹平压实，至泛浆为止。要求将波纹压平，分格条顶面上的石子应清除掉。

4）在同一平面上如有几种颜色图案时，应先做深色，后做浅色。待一种色浆凝固后，再抹后一种色浆。两种颜色的色浆不应同时铺抹，避免做成串色，界线不消，影响质量。间隔时间不宜过长，一般可隔日铺抹。

5）养护：石子浆铺抹完成后，次日起应进行浇水养护，并应设警戒线严防行人踩踏。

（6）磨光

1）大面积施工宜用机械研磨，小面积、边角处可使用小型手提式磨石机研磨。局部可用手工研磨。开磨前应试磨，若试磨后石粒不松动，可能与水泥强度等级、品种有关。

2）磨光作业应采用"二浆三磨"方法进行，即整个磨光过程分为磨光三遍，补浆二次。

① 用 60～80 号粗石磨第一遍，随磨随用清水冲洗，并将磨出的浆液及时扫除。对整个水磨面，要磨匀、磨平、磨透，使石粒面及全部分格条顶面外露。

② 磨完后要及时将泥浆水冲洗干净，稍干后，涂刷一层同颜色水泥浆（即补浆），用以填补砂眼和凹痕，对个别脱石部位要填补好，不同颜色上浆时，要按先深后浅的顺序进行。

③ 补刷浆第二天后需养护 3～4d，然后用 100～150 号磨石进行第二遍研磨，方法同第一遍。要求磨至表面平滑，无模糊不清之处为止。

④ 磨完清洗干净后，再涂刷一层同色水泥浆。继续养护 3～4d，用 180～240 号细磨石进行第三遍研磨，要求磨至石子粒显露，表面平整光滑，无砂眼细孔为止，并用清水将其冲洗干净。

（7）抛光

在水磨石面层磨光后涂草酸和上蜡前，其表面严禁污染。涂草酸和上蜡工作，应在有影响面层质量的其他工序全部完成后进行。

1）草酸可使用 10％～15％浓度的草酸溶液，再加入 1％～2％的氧化铝。

2）上蜡。上述工作完成后，可进行上蜡。上蜡的方法是，面层上薄涂一层蜡，稍干后用磨光机研磨，或用钉有细帆布（或麻布）的木块代替油石；装在磨石机上研磨出光亮后，再涂蜡研磨一遍，直到光滑洁亮为止。

【任务评价】

1. 质量标准

水磨石面层应采用水泥与石粒拌合料铺设。面层厚度除有特殊要求外，宜为 12～18mm，且按石粒粒径确定。水磨石面层的颜色和图案应符合设计要求。

白色或浅色的水磨石面层，应采用白水泥；深色的水磨石面层，宜采用硅酸盐水泥、普通硅酸盐水泥或矿渣硅酸盐水泥；同颜色的面层应使用同一批水泥。同一彩色面层应使用同厂、同批的颜料；其掺入量宜为水泥重量的 3％～6％，或由试验确定。

水磨石面层的结合层的水泥砂浆体积比宜为 1：3，相应的强度等级不应小于 M10，水泥砂浆稠度（以标准圆锥体沉入度计）宜为 30～35mm。

普通水磨石面层磨光遍数不应少于 3 遍。高级水磨石面层的厚度和磨光遍数由设计确定。

在水磨石面层磨光后，涂草酸和上蜡前，其表面不得污染。

1）主控项目

① 水磨石面层的石粒，应采用坚硬可磨白云石、大理石等岩石加工而成，石粒应洁净无杂物，其粒径除特殊要求外应为 6～15mm；水泥强度等级不应小于 32.5 级；颜料应采用耐光、耐碱的矿物原料，不得使用酸性颜料。

检验方法：观察检查和检查材质合格证明文件。

② 水磨石面层拌合料的体积比应符合设计要求，且为 1：1.5～1：2.5（水

泥：石粒）。

检验方法：检查配合比通知单和检测报告。

③ 面层与下一层结合应牢固，无空鼓、裂纹。

检验方法：用小锤轻击检查。

注：空鼓面积不应大于 400cm²，且每自然间（标准间）不多于 2 处可不计。

2）一般项目

① 面层表面应光滑；无明显裂纹、砂眼和磨纹；石粒密实，显露均匀；颜色图案应一致，不混色；分格条牢固、顺直和清晰。

检验方法：观察检查。

② 踢脚线与墙面应紧密结合，高度一致，出墙厚度均匀。

检验方法：用小锤轻击、尺量和观察检查。

注：局部空鼓长度不应大于 300mm，且每自然间（标准间）不多于 2 处可不计。

③ 楼梯踏步的宽度、高度应符合设计要求，楼层梯段相邻踏步高度差不应大于 10mm，每踏步两端宽度差不应大于 10mm，旋转楼梯梯段的每踏步两端宽度的允许偏差为 5mm。楼梯踏步的齿角应整齐，防滑条应顺直。

检验方法：观察和尺量检查。

水磨石面层的允许偏差和检验方法见表 4-3。

水磨石面层的允许偏差和检验方法（mm）　　　　　表 4-3

项次	项目	允许偏差		检验方法
		普通水磨石面层	高级水磨石面层	
1	表面平整度	3	2	用 2m 靠尺和楔形塞尺检查
2	踢脚线上口平直	3	3	拉 5m 线和用钢尺检查,不足 5m 拉通线检查
3	缝格平直	3	2	拉 5m 线和用钢尺检查,不足 5m 拉通线检查

2. 常见质量通病

（1）水磨石分格条压弯（铜条、铝条）或压碎（玻璃条）

1）现象

铜条或铝条弯曲，玻璃条断裂，分格条歪斜不直。这种现象大多发生在滚筒滚压过程中。

2）原因分析

① 面层水泥石子浆虚铺厚度不够，用滚筒滚压后，表面同分格条平齐，有的甚至低于分格条，滚筒直接在分格条上碾压，致使分格条被压弯或压碎。

② 滚筒滚压过程中，有时石子粘在滚筒上或分格条上，滚压时就容易将分格条压弯或压碎。

③ 分格条粘贴不牢，在面层滚压过程中，往往因石子相互挤紧而挤弯或挤坏分格条。

3）防治措施

① 控制面层的虚铺厚度。

② 滚筒滚压前，应先用铁抹子或木抹子在分格条两边约 10cm 的范围内轻轻拍实，并应将抹子顺分格条处往里稍倾斜压出一个小八字。这既可检查面层虚铺厚度是否恰当，又能防止石子在滚压过程中挤坏分格条。

③ 滚筒滚压过程中，应用扫帚随时扫掉粘在滚筒上或分格条上的石子，防止滚筒和分格条之间存在石子而压坏分格条。

④ 分格条应粘贴牢固。铺设面层前，应仔细检查一遍，发现粘贴不牢而松动或弯曲的，应及时更换。

⑤ 滚压结束后，应再检查一次，压弯的应及时校直，压碎的玻璃条应及时更换。清理后，用水泥与水玻璃做成的快凝水泥浆重新粘贴分格条。

（2）分格条两边或分格条十字交叉处石子显露不清或不匀

1）现象

分格条两边 10mm 左右范围内的石子显露极少，形成一条明显的纯水泥斑痕。十字交叉处周围也出现同样的一圈纯水泥斑痕。

2）原因分析

① 分格条操作方法不正确。水磨石地面厚度一般为 12～15mm，常用石子粒径为 6～8mm。因此，在粘贴分格条时，应特别注意砂浆的粘贴高度和水平方向的角度。砂浆粘贴高度太高，有的甚至把分格条埋在砂浆里，在铺设面层的水泥石子浆时，石子就不能靠近分格条，磨光后，分格条两边就没有石子，出现一条纯水泥斑带，影响美观。

② 分格条在十字交叉处粘贴方法不正确，嵌满砂浆，不留空隙。在铺设面层水泥石子浆时，石子不能靠近分格条的十字交叉处，结果周围形成一圈没有石子的纯水泥斑痕。

③ 滚筒的滚压方法不妥，仅在一个方向来回碾压，与滚筒碾压方向平行的分格条两边不易压实，容易造成浆多石子少的现象。

④ 面层水泥石子浆太稀，石子比例太少。

3）防治措施

① 正确掌握分格条两边砂装的粘贴高度和水平方向的角度并应粘贴牢固。

② 分格条在十字交叉处的粘结砂浆，应留出 15～20mm 的空隙。这在铺设面层水泥石子浆时，石子就能靠近十字交叉处，磨光后，外形也较美观。

③ 滚筒滚压时，应在两个方向（最好采用"米"字形三个方向）反复碾压。如辗压后发现分格条两侧或十字交叉处浆多石子少时，应立即补撒石子，尽量使石子密集。

④ 以采用干硬性水泥石子浆为宜，水泥石子浆的配合比应正确。

【任务练习】

1. 水磨石面层工艺流程如何？

2. 水磨石面层常见质量通病是什么原因及其防治措施？

任务 4.2 板块面层施工

4.2.1 砖面层施工

【学习目标】

1. 能够根据实际工程合理进行砖面层施工准备。
2. 掌握砖面层工艺流程。
3. 能正确使用检测工具对砖面层施工质量进行检查验收。
4. 能够进行安全、文明施工。

【任务描述】

砖面层施工构造示意见图 4-3。

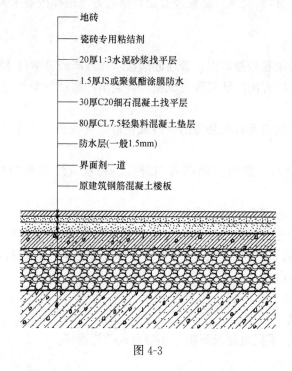

地砖
瓷砖专用粘结剂
20厚1:3水泥砂浆找平层
1.5厚JS或聚氨酯涂膜防水
30厚C20细石混凝土找平层
80厚CL7.5轻集料混凝土垫层
防水层(一般1.5mm)
界面剂一道
原建筑钢筋混凝土楼板

图 4-3

砖面层施工工艺流程如下：

检验水泥、砂、砖质量→试验→技术交底→选砖→准备机具设备→排砖→找标高→基底处理→铺抹结合层砂浆→铺砖→养护→勾缝→检查验收。

【相关知识】

（1）砖面层构造

砖面层应按设计要求采用普通黏土砖、缸砖、陶瓷地砖、水泥花砖或陶瓷锦

119

砖等板块材在砂、水泥砂浆、沥青胶结料或胶粘剂结合层上铺设而成。

砂浆结合层厚度为 20～30mm；水泥砂浆结合层厚度为 10～15mm；沥青胶结料结合层厚度为 2～5mm；胶粘剂结合层厚度为 2～3mm。

（2）作业条件

1）墙面抹灰及墙裙做完。

2）内墙面弹好水准基准墨线（如：+500mm 或 +1000mm 水平线）并校核无误。

3）门窗框要固定好，并用 1∶3 水泥砂浆将缝隙堵塞严实。铝合金门窗框边缝所用嵌塞材料应符合设计要求，且应塞堵密实并事先粘好保护膜。

4）门框保护好，防止手推车碰撞。

5）穿楼地面的套管、地漏做完，地面防水层做完，并完成蓄水试验办好检验手续。

6）按面砖的尺寸、颜色进行选砖，并分类存放备用，做好排砖设计。

7）大面积施工前应先放样并做样板，确定施工工艺及操作要点，并向施工人员交好底再施工。样板完成后必须经鉴定合格后方可按样板要求大面积施工。

【任务准备】

（1）材料准备

1）水泥：采用硅酸盐水泥、普通硅酸盐水泥或矿渣硅酸盐水泥，强度等级不宜低于 32.5 级。应有出厂证明和复试报告，当出厂超过三个月应做复试并按试验结果使用。

2）砂：采用洁净无有机杂质的中砂或粗砂，含泥量不大于 3%。不得使用有冰块的砂。

3）沥青胶结料：宜用石油沥青与纤维、粉状或纤维和粉状混合的填充料配制。

4）胶粘剂：应符合防水、防菌要求。

5）面砖：颜色、规格、品种应符合设计要求，外观检查基本无色差，无缺棱、掉角，无裂纹，材料强度、平整度、外形尺寸等均符合现行国家标准相应产品的各项技术指标。

（2）机具准备

1）电动机械

砂浆搅拌机、手提电动云石锯、小型台式砂轮锯等。

2）主要工具

磅称、钢板、小水桶、半截大桶、扫帚、平锹、铁抹子、大杠、中杠、小杠、筛子、窗纱筛子、窄手推车、钢丝刷、喷壶、锤子、橡皮锤、凿子、溜子、方尺、铝合金水平尺、粉线包、盒尺、红铅笔、工具袋等。

【任务实施】

（1）基层处理

将混凝土基层上的杂物清理掉，并用錾子剔掉楼地面超高、墙面超平部分及砂浆落地灰，用钢丝刷净浮浆层。如基层有油污时，应用10%火碱水刷净，并用清水及时将其上的碱液冲净。

（2）找面层标高、弹线

根据墙上的＋50cm（或1m）水平标高线，往下量测出面层标高，并弹在墙上。

（3）抹找平层砂浆

1）洒水湿润：在清理好的基层上，用喷壶将地面基层均匀洒水一遍。

2）抹灰饼和标筋：从已弹好的面层水平线下量至找平层上皮的标高（面层标高减去砖厚及粘结层的厚度），抹灰饼间距1.5m，灰饼上平面就是水泥砂浆找平层的标高。有地漏的房间要找好坡度。

3）在标筋间铺装水泥：在标筋间铺水泥砂浆，配合比为1∶3，用木抹子搓平，检查标高及反水坡度是否正确，24h后浇水养护。

（4）弹铺砖控制线

预先根据设计要求和板块的规格尺寸，确定缝隙宽度并弹线，密缝铺贴缝隙不宜大于1mm，虚缝铺贴砖缝宽度5～10mm。

（5）铺砖

铺贴应从里向外操作，不得踩踏刚铺好的砖。

（6）勾缝擦缝

面层铺贴应在24h内进行擦缝、勾缝的工作。

（7）养护

面砖铺贴完24h后，洒水养护，时间不应少于7d。

（8）镶贴踢脚板

一般采用与地面块材同品种同规格同颜色的材料，踢脚板的立缝应与地面缝对齐。

【任务评价】

（1）主控项目

1）面层所用板块的品种、规格、质量必须符合设计要求。

检验方法：观察检查和检查材质合格记录。

2）面层与下一层应结合牢固，无空鼓。

检验方法：用小锤轻击检查。

注：凡单块板边角有局部空鼓，且每自然间（标准间）不超过总数的5%可不计。

（2）一般项目

1）块材表面应洁净、平整、无磨痕，且应图案清晰、色泽一致、接缝均匀、周边顺直、镶嵌正确、板块无裂纹、掉角、缺棱等缺陷。

检验方法：观察检查。

2）踢脚线表面应洁净，高度一致，结合牢固，出墙厚度一致。

检查方法：观察和用小锤轻击及钢尺检查。

3）楼梯踏步和台阶板块的缝隙宽度应一致、齿角整齐，楼层梯段相邻踏步高度差不应大于 10mm，防滑条应顺直、牢固。

检查方法：观察和用钢尺检查。

4）面层表面的坡度应符合设计要求，不倒泛水、无积水；与地漏、管道结合处严密牢固，无渗漏。

检查方法：观察、泼水或坡度尺及蓄水检查。

（3）常见质量问题

1）板块空鼓：基层清理不净、洒水湿润不均、砖未浸水、水泥浆结合层刷的面积过大、风干后起隔离作用、上人过早影响粘结层强度等因素都是导致空鼓的原因。

2）板块表面不洁净：主要是做完面层之后，成品保护不够，油漆桶放在地砖上、在地砖上拌合砂浆、刷浆时不覆盖等，都造成层面被污染。

3）有地漏的房间倒坡：做找平层砂浆时，没有按设计要求的泛水坡度进行弹线找坡。因此必须在找标高、弹线时找好坡度，抹灰饼和标筋时，抹出泛水。

4）地面铺贴不平，出现高低差：对地砖未进行预先选挑、砖的薄厚不一致造成高低差或铺贴时未严格按水平标高线进行控制。

5）地面标高错误：多出现在厕浴间，原因是防水层过厚或结合层过厚。

6）厕浴间泛水过小或局部倒坡：地漏安装过高或 +50cm 线不准。

【任务练习】

1. 砖面层工艺流程如何？

2. 砖面层常见质量通病是什么原因及其防治措施？

4.2.2　大理石、花岗石面层施工

【学习目标】

1. 能够根据实际工程合理进行大理石、花岗石面层施工准备。

2. 掌握大理石、花岗石面层工艺流程。

3. 能正确使用检测工具对大理石、花岗石面层施工质量进行检查验收。

4. 能够进行安全、文明施工。

【任务描述】

大理石、花岗石面层施工构造示意见图 4-4。

大理石、花岗石面层施工工艺流程如下：

检验水泥、砂、大理石和花岗石质量→技术交底→试拼编号→准备机具设备→找标高→基层处理→铺结合层砂浆→铺大理石和花岗石→养护→勾缝→检查验收。

【相关知识】

（1）大理石面层和花岗石面层构造

1）大理石面层

大理石在工厂加工成 20～30mm 厚的板材，每块大小为 300mm×300mm～

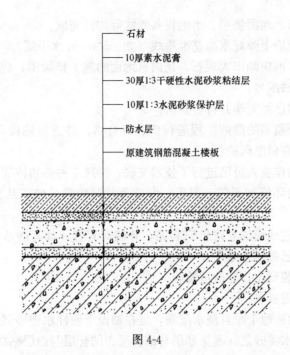

石材

10厚素水泥膏

30厚1:3干硬性水泥砂浆粘结层

10厚1:3水泥砂浆保护层

防水层

原建筑钢筋混凝土楼板

图 4-4

500mm×500mm。方整的大理石地面，多采用紧拼对缝，接缝不大于1mm，铺贴后用纯水泥扫缝。不规则形的大理石接缝较大，可用水泥砂浆或水磨石嵌缝。大理石铺砌后，表面应粘贴纸张或覆盖麻袋加以保护，待结合层水泥强度达到60%～70%后，方可进行细磨和打蜡。

2）花岗石面层

花岗石常加工成条状或块状，厚度较大，约50～150mm之间，其面积尺寸是根据设计分块后进行订货加工的。

铺设花岗石地面的基层有两种：一种是砂垫层；另一种是混凝土或钢筋混凝土基层。混凝土或钢筋混凝土表面常常要求用砂或砂浆做找平层，厚约30～50mm。砂垫层应在填缝以前进行洒水拍实整平。

大理石和花岗石面层是分别采用天然大理石板材和花岗石板材在结合层上铺设而成。

3）结合层上网厚度

当采用水泥砂（其体积比为1：4～1：6，水泥：砂）时应为20～30mm，当采用水泥砂浆时应为10～15mm。当采用1：4～1：6水泥砂结合层时，应洒水干拌均匀。当采用水泥砂浆结合时，应为干硬性水泥砂浆。

（2）作业条件

1）大理石板块（花岗石板块）进场后应侧立堆放在室内，底下应加垫木方，详细核对品种、规格、数量、质量等是否符合设计要求，有裂纹、缺棱掉角的不能使用。

2）设加工棚，安装好台钻及砂轮锯，并接通水、电源，需要切割钻孔的板，在安装前加工好。

3）室内抹灰、地面垫层、水电设备管线等均已完成。

4）房内四周墙上弹好水准基准墨线（如+500mm水平线）。

5）施工操作前应画出大理石、花岗石地面的施工排版图，碎拼大理石、花岗石应提前按图预拼编号。

6）材料检验已经完毕并符合要求。

7）应已对所覆盖的隐蔽工程进行验收且合格，并进行隐检会签，基层洁净，缺陷已处理完，并做隐蔽验收。

8）对所有的作业人员已进行了技术交底，特殊工种必须持证上岗。

9）作业时的环境如天气、温度、湿度等状况应满足施工质量可达到标准的要求。

10）竖向穿过地面的立管已安装完，并装有套管。如有防水层，基层和构造层已找坡，管根已做防水处理。

11）门框安装到位，并通过验收。

（3）技术关键要求

1）基层必须清理干净且浇水湿润，且在铺设干硬性水泥砂浆结合层之前、之后均要刷一层素水泥砂浆，确保基层与结合层、结合层与面层粘结牢固。

2）大理石或花岗石必须在铺设前浸水湿润，防止将结合层水泥浆的水分吸收，导致粘结不牢。

3）铺设前必须拉十字通线，确保操作工人跟线铺砌，铺完每行后随时检查缝隙是否顺直。

4）铺设标准块后，随时用水平尺和直尺找平，以防接缝高低不平，宽窄不匀。

5）铺设踢脚板时，严格拉通线控制出墙厚度，防止出墙厚度不一致。

6）房间内的水平线由专人负责引入，各个房间和楼道的标高应相互一致。

7）严格套方筛选板块，凡有翘曲、拱背、裂缝、掉角、厚薄不一、宽窄不方正等质量缺陷的板材一律不予使用；品种不同的板材不得混杂使用。

8）铺设前，应根据石材的颜色、花纹、图案、纹理等按设计要求，进行对色、拼花并试拼、编号。

【任务准备】

（1）材料准备

1）大理石、花岗石块应为加工厂的成品，其品种、规格、质量应符合设计和施工规范要求，在铺装前应采取保护措施，防止出现污损、泛碱等现象。

2）水泥：宜选用普通硅酸盐水泥，强度等级不小于32.5级。

3）砂：宜选用中砂或粗砂。

4）擦缝用白水泥、矿物颜料，清洗用草酸、蜡。

5）材料的关键要求

① 天然大理石、花岗石的技术等级、光泽度、外观等质量要求应符合国家现行行业标准《天然大理石建筑板材》GB/T 19766—2016、《天然花岗石建筑板材》

GB/T 18601—2009 的相关规定。

② 天然大理石、花岗石必须有放射性指标报告，胶粘剂必须有挥发性有机物等含量检测报告。

（2）机具准备

手提式电动石材切割机或台式石材切割机、干、湿切割片、手把式磨石机、手电钻、修正用平台、木楔、簸箕、水平尺、2m靠尺、方尺、橡胶锤或木锤、小线、手推车、铁锹、浆壶、水桶、喷壶、铁抹子、木抹子、墨斗、钢卷尺、尼龙线、扫帚、钢丝刷。

【任务实施】

（1）试拼

在正式铺设前，对每一房间的大理石或花岗石板块，应按图案、颜色、纹理试拼，试拼后按两个方向编号排列然后按照编号码放整齐。

（2）弹线

在房间的主要部位弹互相垂直的控制十字线，用以检查和控制大理石或花岗石板块的位置，十字线可以弹在基层上，并引至墙面底部。依据墙面水准基准线（如＋500mm 线），找出面层标高，在墙上弹好水平线，注意与楼道面层标高一致。

（3）试排

在房间内的两个互相垂直的方向，铺设两条干砂，其宽度大于板块，厚度不小于 3cm。根据试拼石板编号及施工大样图，结合房间实际尺寸，把大理石或花岗石板块排好，以便检查板块之间的缝隙，核对板块与墙面、柱、洞口等部位的相对位置。

（4）基层处理

在铺砂浆之前将基层清扫干净，包括试排用的干砂及大理石块，然后用喷壶洒水湿润，刷一层素水泥浆，水胶比为 0.5 左右，随刷随铺砂浆。

（5）铺砂浆

根据水平线，定出地面找平层厚度，拉十字控制线，铺结合层水泥砂浆，结合层一般采用 1:3 的干硬性水泥砂浆，干硬程度以手捏成团不松散为宜。砂浆从里往门口处摊铺，铺好后用大杠刮平，再用抹子拍实找平。找平层厚度宜高出大理石底面标高 3～4mm。

（6）铺大理石或花岗石

一般房间应先里后外沿控制线进行铺设，即先从远离门口的一边开始，按照试拼编号，依次铺砌，逐步退至门口。铺前应将板预先浸湿阴干后备用，在铺好的干硬性水泥砂浆上先试铺合适后，翻开石板，在水泥砂浆找平层上满浇一层水胶比为 0.5 的素水泥砂浆结合层，然后正式镶铺。安放时四角同时下落，用橡皮锤或木锤轻击木垫板（不得用木锤直接敲击大理石或花岗石），根据水平线用铁水平尺找平，铺完第一块向两侧或后退方向顺序镶铺。如发现空隙应将石板掀起用砂浆补实再行安装。

（7）大理石或花岗石板块间，接缝要严，一般不留缝隙。

（8）灌缝、擦缝

在铺砌后 1～2 昼夜进行灌浆擦缝。根据大理石或花岗石的颜色，选择相同颜色矿物颜料和水泥拌合均匀调成 1∶1 稀水泥浆（水泥∶细砂），用浆壶徐徐灌入大理石或花岗石之间的缝隙，分几次进行，并用长把刮板把流出的水泥浆向缝隙内喂灰。灌浆时，多余的砂浆应立即擦去，灌浆 1～2h 后，用棉丝团蘸原稀水泥浆擦缝，与板面擦平，同时将板面上水泥浆擦净。

（9）养护

面层施工完毕后，封闭房间，派专人洒水养护不少于 7d。

（10）打蜡

板块铺贴完工后，待其结合层砂浆的强度达到 60％～70％即可打蜡抛光。其具体操作方法与水磨石地面面层基本相同，在板面上薄涂一层蜡，待稍干后用磨光机研磨，或用钉有细帆布或麻布的木块代替油石装在磨石机上，研磨出光亮后，再涂蜡研磨一次，直到光滑洁亮为止。

（11）贴大理石踢脚板工艺流程

1）粘贴法

根据墙面抹灰厚度吊线确定踢脚板出墙厚度，一般为 8～10mm。

用 1∶3 水泥砂浆打底找平并在表面划纹。

找平层砂浆干硬后，拉踢脚板上口的水平线，把湿润阴干的大理石踢脚板的背面，刮抹一层 2～3mm 厚的素水泥砂浆（可掺加 10％左右的 108 胶）后，往底灰上粘贴，并用木锤敲实，根据水平线找直，24h 后可用同色水泥擦缝，将余浆擦净，与大理石地面同时打蜡。

2）灌浆法

在墙两端各安装一块踢脚板，其上棱高度在同一水平线内出墙厚度一致。然后沿两块踢脚板上棱拉通线，逐块依顺序安装，随时检查踢脚板的水平度和垂直度，相邻两块之间及踢脚板与地面、墙面之间用石膏稳牢。

灌 1∶2 稀水泥砂浆，并随时把溢出的砂浆擦干净，待灌入的水泥砂浆终凝后把石膏铲掉。

用棉丝团蘸与大理石踢脚板同颜色的稀水泥砂浆擦缝。踢脚板的面层打蜡同地面一起进行。踢脚板之间的缝宜与大理石板块地面对缝镶贴。

【任务评价】

（1）主控项目

1）大理石、花岗石面层所用板块的品种、规格、质量必须符合设计要求。

检验方法：观察检查和检查材质合格记录。

2）面层与下一层应结合牢固，无空鼓。

检验方法：用小锤轻击检查。

注：凡单块板边角有局部空鼓，且每自然间（标准间）不超过总数的 5％可不计。

（2）一般项目

1）大理石、花岗石表面应洁净、平整、无磨痕，且应图案清晰、色泽一致、接缝均匀、周边顺直、镶嵌正确、板块无裂纹、掉角、缺棱等缺陷。

检验方法：观察检查。

2）踢脚线表面应洁净，高度一致，结合牢固，出墙厚度一致。

检查方法：观察、用小锤轻击及钢尺检查。

检查方法：观察、泼水或坡度尺及蓄水检查。

（3）质量关键要求

1）基层处理是防止面层空鼓、裂纹、平整度差等质量通病的关键工序，因此要求基层必须具有粗糙、洁净和潮湿的表面。基层上的一切浮灰、油质、杂物，必须仔细清理，否则形成一层隔离层，会使结合层与基层结合不牢。表面较滑的基层应进行凿毛，并用清水冲洗干净，冲洗后的基层，最好不要上人。

2）铺设地面前还需要一次将门框校核找正，先将门框锯口线抄平校正，保证在地面面层铺设后，门扇与地面的间隙符合规范要求，然后将门框固定，防止松动位移。

3）铺设过程中应及时将门洞下的石材与相邻地面连接。在工序的安排上，大理石或花岗石地面以外房间的地面应先完成，保证过门处的大理石或花岗石与大面积地面连续铺设。

（4）常见质量通病

1）地面空鼓

基层清理不干净、结合层水泥浆拌合不均、刮刷不均、干硬性水泥砂浆太稀或铺的太厚、板背面浮灰没有除净、事先未使用水湿润、养护时间短、过早使用等原因易造成面层空鼓。

2）踢脚板不直、出墙厚度不一产生的原因主要有厚度不符合要求；贴踢脚板时，未拉线、未吊线等。

【任务练习】

1. 大理石、花岗石面层工艺流程如何？

2. 大理石、花岗石面层常见质量通病是什么原因及其防治措施？

4.2.3 实木地板面层施工

【学习目标】

1. 能够根据实际工程合理进行实木地板施工准备。

2. 掌握实木地板工艺流程。

3. 能正确使用检测工具对实木地板施工质量进行检查验收。

4. 能够进行安全、文明施工。

【任务描述】

实木地板施工构造示意见图4-5。

实木地板施工工艺流程如下：

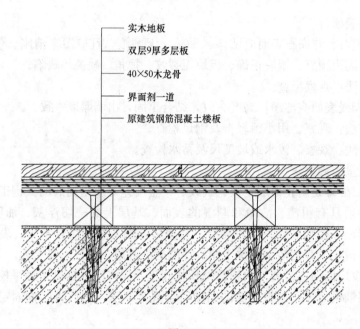

实木地板

双层9厚多层板

40×50木龙骨

界面剂一道

原建筑钢筋混凝土楼板

图 4-5

检验实木地板质量→技术交底→准备机具设备→清理基层测量弹线→铺设木格栅→铺设毛地板→铺设面层实木地板→镶边→地面磨光→油漆打蜡→清理木地面。

【相关知识】

1) 实木地板面层采用条材和块材实木地板或采用拼花实木地板，以空铺或实铺方式在基层（楼层结构层）上铺设而成。

2) 实木地板面层可采用单层木地板面层或双层木地板面层铺设。这种面层具有弹性好、导热系数小、干燥、易清洁和不起尘等材料性能，是一种较理想的建筑地面材料。单层木地板面层适用于办公室、托儿所、会议室、高洁度实验室和中、高档旅馆及住宅。双层木地板面层，特别是拼花木板面层又称硬木面层，属于较高级的面层装饰工程，其面层坚固、耐磨、洁净美观，但造价较贵，施工操作要求较高，适用于高级民用住宅，室内体育训练、比赛、练习用房和舞厅、舞台等公共建筑，以及有特殊要求建筑的硬木楼、地面工程，如计量室、精密机床车间等。

3) 单层木板面层是在木格栅上直接钉企口木板；双层木板面层是在木格栅上先钉一层毛地板，再钉一层企口木板。木格栅有空铺和实铺两种形式，空铺式是将木格栅搁于墙体的垫木上，木格栅之间加设剪刀撑，木板面层在木板下面留有一定高度的混凝土格栅代替木格栅；实铺式是将木地板面层铺钉在固定于水泥类基层上的木龙骨上，木龙骨之间常用炉渣等隔声材料填充，并加设横向木撑，木材部分需涂防腐油。

4) 拼花木板面层是用加工好的拼花木板铺钉于毛地板上或以沥青胶结料（或以胶粘剂）粘贴于毛地板、水泥类基层上铺设而成。

5）实木地板面层下的木格栅、垫木、毛地板所用木材、选材标准和铺设时木材含水率以及防腐、防蛀处理等，均应符合现行国家标准。

6）实木地板面层下的木格栅、垫木、毛地板的防腐、防蛀、防潮处理，其处理剂产品的技术质量标准必须符合现行国家标准。

7）厕浴间、厨房等潮湿场所相邻的实木面层连接处，应做防水（防潮）处理。

8）实木面层铺设在水泥类基层上，其基层表面应坚硬、平整、洁净、干燥、不起砂。

9）室内地面工程的实木面层格栅下的架空结构（或构造层）符合设计和标准要求后方可进行面层的施工。

10）实木地板下填充的轻质隔声材料一定要进行干燥。

11）实木地板面层镶边时如设计无要求，应用同类材料镶边。

12）木地板的面层验收，应在竣工后三天内验收。

【任务准备】

（1）材料准备

1）企口板。企口木板应采用不易腐朽、不易变形开裂的木材制成顶面刨平、侧面带有企口的木板，其宽度不应大于120mm，厚度应符合设计要求。一般规格为：厚 15mm、18mm、29mm；宽 50mm、60mm、70mm、75mm、90mm、100mm；长 250～900mm（以上规格也可以按设计要求定做）。

2）毛地板。毛地板材质同企口板，但可采用钝棱料，其宽度不宜大于120mm。

3）拼花木板。拼花木板多采用质地优良、不易腐朽的硬杂木材制成，由于多采用短狭条相拼，故不易变形、开裂，一般选用水曲柳、核桃木、柞木等树种。拼花木板的常用尺寸为：长 250～300mm、宽 30～50mm、厚 18～23mm。其接缝可采用企口接缝、截口接缝或平头接缝形式。

4）木地板敷设所需要的木格栅（也称木棱）、垫木、沿缘木（也称压檐木）、剪刀撑及毛地板其规格尺寸按设计要求加工。

5）砖和石料：用于地垄墙和砖墩的砖强度等级，不能低于 MU7.5。采用石料时，风化石不得使用；凡后期强度不稳定受潮后会降低强度的人造块材均不得使用。

6）胶粘剂及沥青：若使用胶粘剂粘贴拼花木地板面层，选用环氧沥青、聚氨酯、聚醋酸乙烯和酪素胶等。若采用沥青贴拼花木地板面层，应选用石油沥青。

7）其他材料：防潮垫、8～10 号镀锌铅丝、50～100mm 钉、木地板专用钉等。

8）实木地板面层所采用的材质和铺设时的木材含水率必须符合设计要求，木格栅、垫木和毛地板等必须做防腐、防蛀、防火处理。

9）硬木踢脚板：宽度、厚度、含水率均应符合设计要求，背面应满涂防腐剂，花纹颜色应力求与面层地板相同。

10）实木地板须有商品检验合格证并符合设计要求，必要时进行复检。

（2）机具准备

冲击钻、手枪钻、手提电圆锯、小电刨、平刨、压刨、台钻相应设置、板磨光机、砂带机。手动工具包括：手锯、手刨、线刨、锤子、斧子、冲子、挠子、手铲、凿子、螺丝刀、钎子棍、撬棍、方尺、割角尺、木折尺、墨斗、魔石刀等。

【任务实施】

（1）地面基层验收、清理、弹线。

（2）铺钉防腐、防水 20mm×50mm 松木地板格栅，400mm 中距。地板格栅应用防水防腐 20mm×40mm×50mm 木垫块垫实架空，垫块中距 400mm，与格栅钉牢。同时将地板格栅用 10 号镀锌钢丝两根与钢筋鼻子绑牢，格栅间加钉 50mm×50mm 防源、防火松木横撑，中距 800mm。地板格栅及横撑的含水率不得大于 18％，格栅顶面必须刨平刨光，并每隔 1000mm 中距凿 10mm×10mm×50mm 通风槽一道（以上尺寸，如有设计要求时，按设计施工）。

（3）地板木格栅安装完毕，须对格栅进行找平检查，各条格栅的顶面标高，均须符合设计要求，如有不合要求之处，须彻底修正找平。符合要求后，按 45°斜铺 22mm 厚防腐、防火松木毛地板一层，毛地板的含水率应严格控制并不得大于 12％。铺设毛地板时接缝应落在木格栅中心线上，钉位相互错开。毛地板铺完应刨修平整。用多层胶合板做毛地板使用时，应将胶合板的铺向与木地板的走向垂直。

（4）面层实木地板铺设

1）木地板的拼花组合造型：木地板的拼花组合造型，有长地板条错缝组合式、长短地板条错缝组合式、单人字形组合式、双人字形组合式、方格组合式、阶梯组合式及设计要求的其他组合形式。

2）弹线：根据具体要求，在毛地板上用墨线弹出木地板组合造型施工控制线，即每块地板条或每行地板条的定位线。凡属地板条错缝组合造型的拼花木地板，则以房间为中心，先弹出相互垂直并分别与房间纵横墙面平行的标准十字线两条，或与墙面成 45 角交叉的标准十字线两条，然后按具体设计要求的木地板组合造型、具体图案，以地板条宽度及标准十字线为准，弹出每条或每行地板的施工定位线，以便施工。弹线完毕，将木地板进行试铺，试铺后编号分别存放备用。

3）将毛地板上所有垃圾、杂物清理干净，加铺防潮纸层、然后开始铺装实木地板。可以从房间一边墙根开始，也可以从房间中部开始（根据具体设计，将地板周围镶边留出空位），并用木块在墙根所留镶边空隙处将地板条（块）顶住，然后顺序向前铺直至铺到对面墙根时，同样用木块在墙根镶边空隙处将地板顶住，然后将开始一边墙根处的木块楔紧，待安装镶边条时再将两边木块取掉。

4）铺钉实木地板条按地板条定位线及两顶端中心线，将地板条铺正、铺平、铺齐，用地板条厚 2～2.5 倍长的圆钉，从地板条企口榫凹角处斜向将地板条钉于地板格栅上。钉头须预先打偏，冲入企口表面以内，以免影响企口接缝严密，必要时在木地板条上可先钻眼后钉钉，钉钉个数应符合设计要求，设计无要求时，地板长度小于300mm时侧边应钉2个钉，长度大于300mm小于600mm时应钉3个钉，600～900mm钉4个钉，板的端头应钉1个钉固定。所有地板条应逐块错缝排紧钉牢，接缝严密。板与板之间，不得有任何松动、不平、不牢。

5）粘铺地板：按设计要求及有关规范规定处理基层，粘铺木地板用胶要符合设计要求，并进行试铺，符合要求后在大面积展开施工。铺贴时要用专用刮胶板将胶均匀的涂刮于地面及木地板表面，待胶不黏手时，将地板按定位线就位粘贴，并用小锤轻敲，使地板条与基层粘牢，涂胶时要求涂刷均匀，厚薄一致，不得有漏涂之处。地板条应铺正、铺订整齐，并应逐块错缝排紧粘牢。板与板之间不得有任何松动、不平、缝隙及溢胶之处。

6）实木地板装修质量经检查合格后，应根据具体设计要求，在周边所留镶边空隙内进行镶边（具体设计图中无镶边要求者，本工序取消）。

（5）踢脚板安装

当房间设计无实木踢脚板时，踢脚应预先刨光，在靠墙的一面开成凹槽，并每隔1m钻直径6mm的通风孔，在墙内应每隔750mm砌入防腐木砖，在防腐木砖外面钉防腐木块，再将踢脚板固定于防腐木块上。踢脚板板面要垂直，上口呈水平线，在踢脚板于地板交角处，固定1/4圆木条，以盖住缝隙。

（6）地板磨光

地面磨光用磨光机，转速应在5000r/min以上，所用砂布应先粗后细，砂布应绷紧绷平，长条地板应顺木纹磨，拼花地板应与木纹成45°斜磨。磨时不应磨得太快，磨深不宜过大，一般不超过1.5mm，要多磨几遍，磨光机不用时应先提起再关闭，防止啃咬地面，机器磨不到的地板要用角磨机或手工去磨，直到符合要求为止。

（7）油漆打蜡

应在房间内所有装饰工程完工后进行。硬拼花地板花纹明显，所以，多彩透明的清漆涂刷，这样可透出木纹，增强装饰效果。打蜡可用地板蜡，以增加地板的光洁度，木材固有的花纹和色泽最大限度地显示出来。

（8）清理地面，交付验收使用，或进行下道工序的施工。

【任务评价】

1. 质量标准

（1）主控项目

1）实木地板面层所采用的材质和铺设的木材含水率必须符合设计要求。木格栅、垫木和毛地板等必须做防腐、防蛀处理。

检验方法：观察和检查材质合格证明文件及检验报告。

2）木格栅安装应牢固、平直。

检验方法：观察、脚踩检验。

3）面层铺设应牢固，粘结无空鼓。

检验方法：观察、脚踩或用小锤轻击检验。

（2）一般项目

1）实木地板面层应刨平、磨光、无明显刨痕和毛刺等现象；图案清晰，颜色均匀一致。

检验方法：观察检查。

2）拼花地板接缝应对齐，粘钉严密；缝隙宽度均匀一致；表面洁净，胶粘无溢胶。

检验方法：观察和钢尺检查。

3）踢脚线表面应光滑，接缝严密，高度一致。

检验方法：观察和钢尺检查。

（3）质量关键要求

1）实木地板面层所用材料木材的含水率必须符合设计要求。木格栅、垫木和毛地板等必须做防腐、防蛀处理。

2）木格栅安装牢固、平直；固定宜采用在混凝土内预埋膨胀螺栓固定，或采用在混凝土内钉木楔铁钉固定。不宜用钢丝固定，因为钢丝不易绞紧，一旦松动，面层上有人走动时就会出响声，同时钢丝易锈蚀断裂，隐患较大。

3）面层铺设牢固，粘结无空鼓；木地板铺设时，必须注意其芯材朝上。木材靠近髓心处颜色较深的部分，即为芯材。芯材具有含水量较小，木质坚硬，不易产生翘曲变形。

4）实木地板面层应刨平、磨光，刨光分三次进行，要注意必须顺着木纹方向，刨去总厚度不宜超过 1.5mm。以刨平刨光为度，无明显刨痕和毛刺等现象，之后，用砂纸磨光，要求图案清晰、颜色均匀。

5）面层缝隙严密，接头位置符合设计要求，表面洁净；地板四周离墙应保证有 10～20mm 的缝隙，起到以下两种作用：一是减少木板从墙体中吸收水分，并保持一定的通风条件，能调节温度变形而引起的伸缩；二是防止地板上的行走和撞击声传至隔壁室内。该缝隙宽度由踢脚板遮盖。

6）拼花地板接缝应对齐，粘钉严密，缝隙宽度均一致，表面洁净。

（4）常见质量通病

1）现象

人行走时，地板发出响声。轻度的响声只在较安静的情况才能发现，施工方式往往被忽略。

2）原因分析

① 木格栅采用预埋钢丝法锚固时，施工过程中钢丝容易被踩断或清理基层时铲断，造成木格栅固定不牢。

② 木格栅本身含水率大或施工方是周围环境湿度大（室内湿作业刚完或仍在交叉进行的情况下铺设木格栅），填充的保湿隔声材料（如焦渣、泡沫混凝土碎块）潮湿等原因，使木格栅受潮膨胀，导致在施工过程中以及完工后各结合部分因木格栅干缩而产生松动，受荷时滑动变形发出的响声。

③ 采用埋铁件锚固木格栅时，如锚固铁件顶部呈弧形，木格栅锚固不稳；或

锚固铁件间距过大，木格栅受力后弯曲变形；或木垫块不平有坡度，木格栅容易滑落；或钢丝绑扎不紧，结合不牢等，木格栅也会松动。

④ 对空铺木板，当木格栅设计断面偏小，间距偏大时，面层木板条的跨度就增大，人行走时因地板的弹性变形而出现响声。

3）预防措施

① 采用预埋钢丝法锚固木格栅，施工时要注意保护钢丝，不要将钢丝弄断。

② 木格栅及毛地板必须用干燥料。毛地板含水率不超过 15%，木格栅的含水率不大于 20%。材料进场后最好入库保存。如码放在室外，底部应架空，并铺一层油毡，上面再用苫布加以覆盖，避免日晒雨淋。

③ 木格栅应在室内环境比较干燥的情况的环境下铺设。室内湿作业完成后，应将地面清理干净，晒放 7～15d。保温隔湿材料如焦渣、泡沫混凝土块等要晾干或烘干。

④ 锚固铁件的间距顺格栅一般不大于 800mm 锚固铁件顶面宽度不小于 100mm，而且要弯成直角，用双股 14 号钢丝与木格栅绑扎牢固，格栅上要刻 3mm 左右的槽，钢丝要形成两个固定点。然后用撬棍将木格栅撬起，垫好木垫板。木垫块的表面要平，宽度不小于 40mm 两头伸出木格栅不小于 20mm，并用钉子与木格栅钉牢。

⑤ 楼层为预制楼板的，其锚固铁件应设于叠合层。如无叠合层，可设于板缝内，埋铁中距 400mm。如板宽超过 900mm 时，应在板中间增加锚固点。增加锚固点的方法：在楼板面（不要在肋上）凿一小孔，用 14 号钢丝绑扎 100 长 $\phi6$ 钢筋，深入孔内别住，在与木格栅绑牢，垫好木垫块。

⑥ 横撑或剪刀撑间距 800mm，与格栅钉牢，但横撑表面应低于格栅面 10mm 左右。

⑦ 格栅铺定完，要认真检查有无响声，不合要求不得进行下道工序。

⑧ 对空铺木板，木格栅的强度和挠度应经计算，间距不宜大于 400mm，面板厚度（刨光后的净尺寸）不宜小于 20mm，人行走过程中，地板弹性变形不应过大。

4）治理方法

检查木地板响声，最好在木格栅钉后先检查一次，铺钉木地板后检查一次，如有响声，针对产生响声的原因进行修理。

① 垫木不实或有斜面，可在原垫木附近增加一两块厚度适当的木垫板，用钉子在侧面钉牢。

② 钢丝松动时，应重新绑紧或加绑一道钢丝。

③ 锚固铁件顶部呈弧形造成木格栅不稳定，可在该处用混凝土将其筑牢。

④ 锚固铁件间距过大时，应增加锚固点。方法是凿眼绑钢筋或用射钉枪在木格栅两边射入螺栓，再加钢板将木格栅固定。

【任务练习】

1. 实木地板面层工艺流程如何？

2. 实木地板面层常见质量通病是什么原因及其防治措施？

4.2.4 复合地板面层施工

【学习目标】

1. 能够根据实际工程合理进行复合地板施工准备。
2. 掌握复合地板工艺流程。
3. 能正确使用检测工具对复合地板施工质量进行检查验收。
4. 能够进行安全、文明施工。

【任务描述】

复合地板面层施工构造示意见图 4-6。

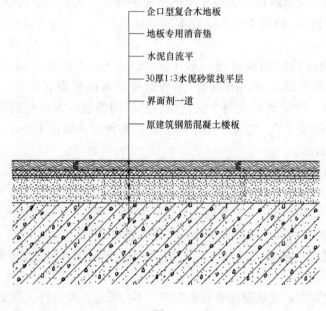

企口型复合木地板
地板专用消音垫
水泥自流平
30厚1:3水泥砂浆找平层
界面剂一道
原建筑钢筋混凝土楼板

图 4-6

复合地板面层施工工艺流程如下：

检查复合地板质量→技术交底→准备机具设备→基地清理→弹线→防火、防腐处理→铺衬垫→铺强化复合地板→清理验收。

【相关知识】

1）强化复合地板面层采用条材强化复合地板或采用拼花强化复合地板，以浮铺方式在基层上铺设。

2）强化复合地板的材料以及面层下的板或衬垫等材料应符合要求，可采用双层面层和单层面层铺设，其厚度应符合设计要求。强化复合地板面层的条材和块材应采用具有商品检验合格证的产品，其技术等级和质量要求均应符合国家现行标准的规定。

3）强化复合地板面层铺设时，粘贴材料应采用具有耐老化、防水和防菌等无毒等性能的材料，或按设计要求选用；胶粘剂选用应符合现行国家标准《民用建筑工程室内环境污染控制规范》GB 50325—2010 的规定。

4）强化复合地板面层下衬垫的材料和厚度应符合设计要求。

5）强化复合地板面层铺设时，相邻板材接头位置应错开不小于 300mm 的距离；与墙之间应留不小于 10mm 的空隙。

6）大面积铺设强化复合地板面层时，应分段铺设，分段缝的处理应符合设计要求。

【任务准备】

（1）材料准备

1）强化复合地板：强化复合地板面层所采用的条材和块材，其技术等级和质量要求应符合设计要求。木格栅、垫木和毛地板等必须做防腐、防蛀、防火处理。木格栅应选用烘干料，毛地板，如选用人造板，应有性能检测报告，并且对甲醛含量复验。

2）胶粘剂：应采用具有耐老化、防水和防腐等无毒等性能的材料，或按设计要求选用。胶粘剂应符合现行国家标准《建筑地面工程施工质量验收规范》GB 50209—2010 的规定

（2）机具准备

1）根据施工条件，应合理选用适当的机具设备和辅助工具，以能达到设计要求为基本原则，兼顾进度、经济要求。

2）常用机具设备有：角度锯、螺机、水平仪、水平尺、方尺、钢尺、小线、錾子、刷子、钢丝刷等。

【任务实施】

1）基地清理：基层表面应平整、坚硬、干燥、密实、洁净、无油脂及其他杂质，不得有麻面、起砂裂缝等缺陷。条件允许时，用自流平地面找平为佳。

2）铺衬垫：将铺垫铺平，用胶粘剂点涂固定在基地上。

3）铺强化复合地板：从墙的一边开始铺粘企口应满涂胶，挤紧后溢出的胶要立刻擦净。强化复合地板面层的接头应按设计要求留置，铺强化复合地板时应从房间内退着往外铺设。不符合模数的板块，其不足部分在现场根据实际尺寸将板块切割后镶补，并应用胶粘剂加强固定。

【任务评价】

（1）主控项目

1）复合地板面层所采用的材料，其技术等级及质量要求应符合设计要求。木格栅、垫木和毛地板等必须做防腐、防蛀处理。

检验方法：观察检查和检查材质合格证明文件及检测报告。

2）木格栅安装应牢固、平直。

检验方法：观察、脚踩检查。

3）面层铺设应牢固。

检验方法：观察、脚踩。

（2）一般项目

1）复合地板面层团和颜色应符合设计要求，图案清晰，颜色一致，板面无翘曲。

检验方法：观察、用 2m 靠尺和楔形塞尺检查。

2）面层的接头应错开、缝隙严密，表面洁净。

检验方法：观察检查。

3）踢脚线表面光滑，接缝严密，高度一致。

检验方法：观察和钢尺检查。

面层的允许偏差及质量验收规定见表 4-4。

表 4-4

面层的允许偏差应符合质量验收规定

项次	项目	允许偏差(mm)	检验方法
		实木复合地板面层	
1	板面缝隙宽度	2.0	用钢尺检查
2	表面平整度	2.0	用 2m 靠尺及楔形塞尺检查
3	踢脚线上口平齐	3.0	拉 5m 通线，不足 5m 拉通线或用钢尺检查
4	板面拼缝平直	3.0	
5	相邻板材高差	0.5	用尺量和楔形塞尺检查
6	踢脚线与面层的接缝	0.1	楔形塞尺检查

【任务练习】

1. 复合地板面层工艺流程如何？

2. 复合地板面层常见质量通病是什么原因及其防治措施？

任务 4.3　地毯面层施工

【任务概述】

地毯具有吸声、隔声、保温、隔热、防滑、弹性好、脚感舒适以及外观优雅等使用性能和装饰特点，起铺设施工亦较为方便快捷。随着石油化工和建材业的发展，我国在传统手工打结美术工艺羊毛地毯和机织混纺类精密图案地毯的基础上，大力开拓簇绒编织化纤（聚酰胺、聚丙烯腈、聚酯或聚丙烯等纤维地毯）、天然橡胶绒地毯，剑麻地毯、聚氯乙烯塑料地毯及无纺地毯（地毡）等多种新型地毯的生产，使地毯的应用更为广泛。

根据《建筑地面工程施工质量验收规范》GB 50209—2010 的规定，建筑地面的地毯面层采用方块、卷材地毯在水泥类面层（或基层）上铺设，要求水泥类面层（或基层）表面应坚硬、平整、光洁、干燥、无凹坑、麻面、裂缝，并应清除油污、钉头和其他突出物。

【学习目标】

1. 能够根据实际工程合理进行地毯面层施工准备。

2. 掌握地毯面层工艺流程。

3. 能正确使用检测工具对地毯面层施工质量进行检查验收。

4. 能够进行安全、文明施工。

【任务描述】

地毯面层施工构造示意见图 4-7。

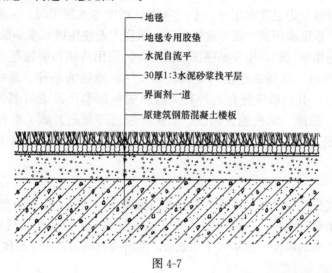

图 4-7

地毯面层施工工艺流程：

检验地毯质量→技术交底→准备机具设备→基底处理→弹线套方、分格定位→地毯剪裁→钉倒刺板条→铺衬垫→铺地毯→细部处理收口→检查验收。

【相关知识】

（1）地毯面层应采用方块、卷材地毯在水泥类面层（或基层）上铺设。

（2）水泥类面层（或基层）表面应平整、坚硬、光洁、干燥、无凹坑、麻面、裂缝，并应清除油污、钉头和其他突出物。

（3）海绵衬垫应满铺平整，地毯拼缝处不露底衬。

（4）固定式地毯（满铺毯）铺设应符合下列规定：

1）固定式地毯用的金属卡条（倒刺板）、金属压条、专用双面胶带等必须符合设计要求。

2）铺设的地毯张拉应适宜，四周卡条固定牢；门口处应用金属压条等固定。

3）地毯周边应塞入卡条和踢脚线之间的缝隙中；粘贴地毯应用胶粘剂与基层粘贴牢固。

（5）活动式地毯（块毯）铺设应符合下列规定：

1）地毯拼成整块后直接铺在洁净的地上，地毯周边应塞入踢脚线下。

2）与不同类型的建筑地面连接处，应按设计要求收口。

（6）楼梯地毯铺设，每梯段顶级地毯应用压条固定于平台上，每级阴角处应用卡条固定牢。

【任务准备】

（1）材料准备

1）地毯

地毯的品种、规格、颜色、花色、胶料和辅料及其材质必须符合设计要求和国家现行地毯产品标准的规定。污染物含量低于室内装饰装修材料地毯中有害物质释放限量标准。

地毯按等级分为轻度家用级、中度家用或轻度专业使用级、一般家用或一般专业使用级、重度家用或中度专业使用级、重度专业使用级和豪华级等大致六级，通常在设计选用地毯时，主要是根据铺设部位、使用功能和装饰等级与造价等因素进行综合权衡，以确定地毯的等级。施工时，地毯的品种、规格、色泽、图案应符合设计，其材质应符合现行有关材料的标准和产品说明书的规定。地毯表面应平整、洁净、无松弛、起鼓、皱折、翘边等缺陷。施工单位应按设计要求及现场实测，按品种和铺设面积一次备足，放置于干燥房间，不得使之受潮或被水浸。

2）垫料

对于无底垫的地毯，当采用倒刺钉板条做固定铺设时，应配置垫层铺衬材料。常用的地毯垫料有两种，一是橡胶波状衬底垫料或人造橡胶泡沫衬底垫料；二是毛麻毡垫。垫料的厚度一般不大于10mm，要求密衬均匀，避免松软。

3）胶粘剂与接缝带

地毯面层在采用固定式铺设时，需要使用胶粘剂进行粘贴的部位通常有两处，一是地毯与楼地面直接粘贴时使用；二是地毯与地毯连接拼缝时使用。房间内对为地毯的长边之间进行拼接，一般为成卷地毯端头的拼缝连接。

① 胶粘剂。地毯粘结固定所用的胶粘剂主要有两类，一类是聚醋酸乙烯胶粘剂，系以醋酸乙烯聚合物乳液为基料配制而成，具有粘结强度高、无味无毒、存放稳定和施工安全方便等优点；另一类是合成橡胶粘结剂，是以氯丁橡胶为基料掺以其他树脂、增稠剂和填料配制而成，具有初始粘合强度高、耐水性好、无毒、不燃等优点。每类胶粘剂又有不同品种，实际选用时应根据所采用的地毯品种，特别是与地毯背衬材料相配套确定胶粘剂品种。

② 接缝带。应用于地毯拼接对缝的接缝带，其成品为热熔式地毯接缝带，宽150mm，备有一层热熔胶，使用时将其表面加热至130～180℃，其胶层熔融，即可将对接的地毯边端靠紧压在接缝带上，自然冷却后便完成地毯的拼缝连接。此外，也可使用双面粘结胶带或采取其他施工拼缝辅料（配合缝针）的粘结措施。

地毯的生产厂家一般会推荐或配套提供胶粘剂；如没有，可根据基层和地毯以及施工条件选用。所选胶粘剂必须通过实验确定其适用性和使用方法。污染物含量低于室内装饰装修材料胶粘剂中有害物质限量标准。

4）倒刺钉板条及金属收口条

① 倒刺钉板条或称倒刺板。这是固定地毯的常用固定件，一般采用 4～6mm 厚度的胶合板锯割成宽约 25mm、长 1200mm 的板条，板条上设置两排斜向铁钉（"朝天钉"，斜角为 60°～75°）用于勾挂地毯，并等距离设置 7～9 枚水泥钢钉以便将板条固定于楼地面。倒刺钉板条可购买成品，也可现场自制。倒刺板应顺直，倒刺均匀，长度、角度符合设计要求。

② 金属收口条。在地毯铺设工程中，凡端头露明处，或与其他饰面材料交接处，以及高低差部位收口处，均应采用铝合金倒刺收口条，以保证美观并保护地毯端口。在一些重要部位，为防止使用时被踩踏损坏或踢起地毯边缘，还应选用铝合金压条或梯条作为可靠的坚固措施。

（2）机具准备

常用机具设备有：裁毯刀、裁边机、地毯撑子、手锤、角尺、直尺、熨斗等。

【任务实施】

（1）基层处理

把沾在基层上的浮浆、落地灰等用錾子或钢丝刷清理掉，再用扫帚将浮土清扫干净。如条件允许，用自流平地面找平为佳。

（2）弹线套方、分格定位

严格依照设计图纸对各个房间的铺设尺寸进行度量，检查房间的方正情况，并在地面弹出地毯的铺设基准线和分格定位线。活动地毯应根据地毯的尺寸，在房间内弹出定位网格线。

（3）地毯剪裁

根据放线定位的数据，剪裁出地毯，长度应比房间长度大 20mm。

（4）钉倒刺板条

沿房间四周踢脚边缘，将倒刺板条固定钉在地面基层上，倒刺板条应距踢脚 8～10mm。

（5）铺衬垫

将衬垫采用点粘法粘在地面基层上，要离开倒刺板 10mm 左右。

（6）铺设地毯

先将地毯的一长边固定在倒刺板上，毛边掩到踢脚板下，用地毯撑子拉伸地毯，直到拉平为止；然后将另一端固定在另一边的倒刺板上，掩好毛边到踢脚板下。一个方向拉伸完，再进行另一个方向的拉伸，直到四个边都固定在倒刺板上。在边长较长的时候，应多人同时操作，拉伸完毕时应确保地毯的图案无扭曲变形。

（7）铺活动地毯时应先在房间中间按照十字线铺设十字控制块，之后按照十字控制块向四周铺设。大面积铺贴时应分段、分部位铺贴。如设计有图案要求时，应按照设计图案弹出准确分格线，并做好标记，防止差错。

（8）当地毯需要接长时，应采用缝合或烫带粘结（无衬垫时）的方式，缝合应在铺设前完成，烫带粘结应在铺设的过程中进行，接缝处应与周边无明显差异。

（9）细部收口

地毯与其他地面材料交接处和门口等部位，应用收口条做收口处理。

【任务评价】

1. 主控项目

地毯的品种、规格、颜色、花色、胶料和辅料及其材质必须符合设计要求和国家现行地毯产品标准的规定。

检验方法：观察检查和检查材质合格记录。

2. 一般项目

1）地毯表面不应起鼓、起皱、翘边、卷边、显拼缝、露线和无毛边，绒面毛顺光一致，毯面干净，无污染和损伤。

检验方法：观察检查。

2）地毯同其他面层连接处、收口处和墙边、柱子周围应顺直、压紧。

检验方法：观察检查。

3. 常见质量通病

（1）地毯起皱、不平

1）基层不平整或地毯受潮后出现胀缩。

2）地毯未牢固固定在倒刺板上，或倒刺板不牢固。

3）未将毯面完全拉伸至压平，铺毯时两侧用力不均或粘结不牢。

（2）毯面不洁净

1）铺设时刷胶将毯面污染。

2）地毯铺完后未做有效的成品保护，受到外界污染。

（3）接缝明显

缝合或粘合时未将毯面绒毛捋顺，或是绒毛朝向不一致，地毯裁割时尺寸有偏差或不顺直。

1）图案扭曲变形

2）拉伸地毯时，各点的力度不均匀，或不是同时作业造成图案扭曲变形。

【任务练习】

1. 地毯面层工艺流程如何？

2. 地毯面层常见质量通病是什么原因及其防治措施？

项目实训 1　实木地板铺贴训练

1. 实木地板铺贴实训相关内容见表1。

实木地板铺贴训练内容　　　　　　　　　　　　　　　　　　　　**表 1**

任务编号		时间安排	理论准备	学时
实训任务	实木地板的铺贴训练		实践	学时
学习领域	楼地面工程		材料整理	学时
任务名称	实木地板的铺贴		合计	学时
任务要求	按实木地板的施工工艺铺贴实木地板			
任务描述	教师根据授课要求提出实训要求。学生实训团队根据设计方案和实训施工现场,按实木地板的施工工艺铺贴实木地板,并按实木地板的工程验收标准和验收方法对实训工程进行验收,各项资料按行业要求进行整理。完成以后,学生进行自评,教师进行点评			
工作岗位	本工作属于工程部施工员			
工作过程	实木地板铺贴实训流程			
工作要求	按国家验收标准,装配实木地板,并按行业惯例准备各项验收资料			
工作工具	记录本、合页纸、笔、相机、卷尺等			
工作团队	分组:6～10人为一组,选1名项目组长,确定1～3名见习设计员、1名见习材料员、1～3名见习施工员、1名见习资料员、1名见习质检员。各位成员分头进行各项准备。做好资料、材料、设计方案、施工工具等准备工作			
工作方法	1. 项目组长制订计划,制订工作流程,为各位成员分配任务; 2. 见习设计员准备图纸,向其他成员进行方案说明和技术交底; 3. 见习材料员准备材料,并主导材料验收任务; 4. 见习施工员带领其他成员进行放线,放线完成以后进行核查; 5. 按施工工艺进行地龙骨装配、面砖安装、清理现场准备验收; 6. 由见习质检员主导进行质量检验; 7. 见习资料员记录各项数据,整理各种资料; 8. 项目组长主导进行实训评估和总结; 9. 指导教师核查实训情况,并进行点评			
目的	通过实践操作进一步掌握实木地板的施工工艺和验收方法,为今后走上工作岗位做好知识和能力准备			

2. 实木地板实训流程

（1）实训团队组成（表 2）

实训团队组成　　　　　　　　　　　　　　　　　　　　**表 2**

团队成员	姓名	主要任务
项目组长		
见习设计员		
见习材料员		
见习施工员		
见习资料员		
见习质检员		
其他成员		

（2）实训计划（表3）

实训计划　　　　　　　　　　　　　　　　　　　　　　　　表3

工作任务	完成时间	工作要求

（3）实训方案

1）进行技术准备

① 深化设计。根据实训现场设计图纸、确定地面标高，进行地板龙骨编排等深化设计。

② 材料检查。实木地板（长条地板、拼花地板）、毛板、木搁栅和防潮垫等符合设计要求。

③ 报批。编制施工方案，经项目组充分讨论，并经指导教师审批。

④ 技术交底。熟悉施工图纸及设计说明，对操作人员进行安全技术交底，明确设计要求。

2）机具准备。

实木地板工程机具设备列入表4。

机具设备　　　　　　　　　　　　　　　　　　　　　　　　表4

序号	分类	名称
1	机械	
2	工具	
3	计量检测用具	

3）作业条件准备

① 室内湿作业已经结束，并经验收合格。

② 基层、预埋管线已施工完成，抹灰工程和管道试压等施工完毕，水系统打压已经结束，均经检验合格。

③ 安装好门窗框。

④ 对材料进行验收，且应符合设计要求。

⑤ 木地板已经挑选，并经编号分别存放。

⑥ 作业时施工条件（工序交叉、环境状态等）应满足施工质量可达到标准的要求。

⑦ 墙上水平控制线已经弹好。

4）编写施工工艺

施工流程和工艺见表5。

工序	施工流程	施工要求
1	基层施工	
2	钉毛地板	
3	面层铺设	
4	板面磨光	
5	踢脚板铺设	

5）明确验收方法

实木地板工程质量标准和检验方法见表 6。

实木地板工程检验记录　　　　　表 6

序号	分项	质量标准			
1	主控项				
2	一般项目	项目	允许偏差(mm)		
			实木地板面层		
			松木地板	硬木地板	拼花地板
		板面缝隙宽度			
		表面平整度			
		踢脚板上口平直			
		板面拼缝平直			
		相邻板材高差			
		踢脚板与面层的接缝			

6）整理各项资料

以下各项工程资料（表 7）需要装入专用资料袋。

项目 4　楼地面装饰工程

工程资料　　　　　　　　　　　　　　　　　　表 7

序号	资料目录	份数	验收情况
1	设计图纸		
2	现场原始实际尺寸		
3	工艺流程和施工工艺		
4	工程竣工图		
5	验收标准		
6	验收记录		
7	考核评分		

7）总结汇报

实训团队成员个人总结

建议从下列方面进行总结：

① 实训情况概述（任务、要求、团队组成等）。

② 实训任务完成情况。

③ 实训的主要收获。

④ 存在的主要问题。

⑤ 团队合作情况（个人在团队中的作用、团队的整体表现、团队的竞争力如何等）。

⑥ 对实训安排有什么建议。

8）实训考核成绩评定（表 8）

实木地板铺设实训考核内容、方法及成绩评定标准　　　　表 8

系列	考核内容	考核方法	要求达到的水平	分值	小组评分	教师评分
对基本知识的理解	对实木地板的理论掌握	编写施工工艺	能正确编制施工工艺	30		
		理解质量标准和验收方法	正确理解质量标准和验收方法	10		
实际工作能力	在校内实训室场所，进行实际动手操作，完成分配任务	检测各项能力	技术文案的能力	8		
			材料验收的能力	8		
			放样弹线的能力	4		
			地板龙骨装配调平和地板安装的能力	12		
			质量检验的能力	8		
职业关键能力	团队精神组织能力	个人和团队评分相结合	计划的周密性	5		
		实训结果和资料核对	人员调配的合理性	5		
验收能力	根据实训结果评估	实训结果和资料核对	验收资料完备	10		
任务完成的整体水平				100		

项目实训 2　楼地面材料调研（实木地板）

参观当地大型的装饰材料市场，全面了解各类楼地面装饰材料。重点了解 10 款市场受消费者欢迎的实木地板的品牌、品种、规格、特点、价格（表 1～表 3）。

楼地面材料调研（实木地板）训练内容　　　　　　　　　表 1

任务编号		时间安排	理论准备	学时
实训任务	楼地面材料调研(实木地板)		实践	学时
学习领域	楼地面工程		材料整理	学时
任务名称	制作地板品牌看板		合计	学时
任务要求	调查本地材料市场地板材料,重点了解 10 款市场受消费者欢迎的实木地板的品牌、品种、规格、特点、价格			
行动描述	1. 参观当地大型的装饰材料市场,全面了解各类楼地面装饰材料; 2. 重点了解 10 款市场受消费者欢迎的实木地板的品牌、品种、规格、特点、价格; 3. 将收集的素材整理成内容简明,可以向客户介绍的材料看板			
工作岗位	本工作属于工程部、设计部、材料部,岗位为施工员、设计员、材料员			
工作过程	到建筑装饰材料市场进行实地考察,了解实木地板的市场行情,做到能够熟悉本地知名地板品牌、识别地板品种,为装修设计选材和施工管理的材料选购质量鉴别打下基础。 1. 选择材料市场; 2. 与店方沟通,请技术人员讲解地板品种和特点; 3. 收集地板宣传资料; 4. 实际丈量不同的地板规格、做好数据记录; 5. 整理素材; 6. 编写 10 款市场受消费者欢迎的实木地板的品牌、品种、规格、特点、价格的看板			
工作对象	建筑装饰市场材料商店的地板材料			
工作工具	记录本、合页纸、笔、相机、卷尺等			
工作方法	1. 先熟悉材料商店整体环境; 2. 征得店方同意; 3. 详细了解实木地板的品牌和种类; 4. 确定一种品牌进行深入了解; 5. 拍摄选定地板品种的数码照片; 6. 收集相应的资料。 注意:尽量选择材料商店比较空闲的时间,不能干扰材料商店的工作			
工作团队	1. 事先准备。做好礼仪、形象、交流、资料、工具等准备工作; 2. 选择调查地点; 3. 分组。4～6 人为一组,选 1 名组长,每人选择一个品牌的地板进行市场调研。然后小组讨论,确定一款地板品牌进行材料看板的制作			
工作要求	工作对象确定,原始平面图和测量数据要求详细、准确。原始空间分析意见。 教学重点:(1)选择品牌;(2)了解该品牌地板的特点 教学难点:(1)与商店领导和店员的沟通;(2)材料数据的完整、详细、准确;(3)资料的整理和归纳;(4)看板版式的设计			
目的	为建筑装饰设计和施工提供市场材料信息,为后续工作服务			

地板市场调查报告 表 2

调查团队成员	
调查地点	
调查时间	
调查过程简述	
调查品牌	
品牌介绍	

品种 1		
品种名称		
地板规格		地板照片
地板特点		
价格范围		

品种 2		
品种名称		
地板规格		地板照片
地板特点		
价格范围		

品种 3		
品种名称		
地板规格		地板照片
地板特点		
价格范围		

品种 4		
品种名称		
地板规格		地板照片
地板特点		
价格范围		

品种 5		
品种名称		
地板规格		地板照片
地板特点		
价格范围		

品种 6		
品种名称		
地板规格		地板照片
地板特点		
价格范围		

		品种 7	
品种名称			
地板规格		地板照片	
地板特点			
价格范围			

		品种 8	
品种名称			
地板规格		地板照片	
地板特点			
价格范围			

		品种 9	
品种名称			
地板规格		地板照片	
地板特点			
价格范围			

		品种 10	
品种名称			
地板规格		地板照片	
地板特点			
价格范围			

实训考核内容、方法及成绩评定标准　　　　　　　表 3

系列	考核内容	考核方法	要求达到的水平	分值	小组评分	教师评分
对基本知识的理解	对地板材料的理论检索和市场信息捕捉能力	资料编写的正确程度	预先了解地板的材料属性	30		
		市场信息了解的全面程度	预先了解本地的市场信息	10		
实际工作能力	在校内外实训室场所,实际动手操作,完成调研的过程	各种素材展示	选择比较市场材料的能力	8		
			拍摄清晰材料照片的能力	8		
			综合分析材料属性的能力	8		
			书写分析调研报告的能力	8		
			设计编排调研报告的能力	8		
职业关键能力	团队精神组织能力	个人和团队评分相结合	计划的周密性	5		
			人员调配的合理性	5		
书面沟通能力	调研结果评估	看板集中展示	实木地板资料完整、详实	10		
任务完成的整体水平				100		

项目 4

楼地面装饰工程

轻质隔墙装饰工程

轻质隔墙装饰工程，是通过隔墙材料工厂化生产，现场快速安装，可迅速提高生产效率。隔墙是分隔建筑物内部空间的墙，隔墙不承重，一般要求轻、薄，有良好的隔声性能。对于不同功能房间的隔墙有不同的要求，如厨房的隔墙应具有耐火性能；盥洗室的隔墙应具有防潮能力，隔墙应尽量便于拆装。

轻质隔墙特点和作用：

(1) 非承重墙体：不承受外荷载；

(2) 自重轻、厚度薄、便于安装；

(3) 满足隔声要求；

(4) 满足防潮、防火等要求；

(5) 主要作用是分隔。

轻质隔墙设计要求：

(1) 隔墙自重轻，厚度薄，有利于减轻楼板的荷载；

(2) 厚度薄，增加建筑的有效空间；

(3) 便于拆卸，能随使用要求的改变而改变；

(4) 满足不同使用部位的要求。

任务 5.1 轻钢龙骨隔墙施工

【任务概述】

轻钢龙骨隔墙是以薄壁轻钢龙骨为支撑骨架，在支承龙骨骨架上安装饰面板材而构成的。薄壁轻钢龙骨，系采用镀锌薄钢板或薄壁冷轧退火钢卷带为原料，经冷弯机滚轧冲压成的轻骨架支撑材料。

【学习目标】

1. 能够根据实际工程合理进行轻钢龙骨隔墙工程施工准备。
2. 掌握轻钢龙骨隔墙工程工艺流程。
3. 能正确使用检测工具对轻钢龙骨隔墙工程施工质量进行检查验收。
4. 能够进行安全、文明施工。

【任务描述】

轻钢龙骨隔墙构造示意见图 5-1。

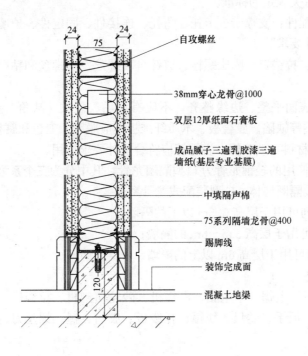

图 5-1

轻钢龙骨隔墙施工工艺流程如下：

弹线→安装天地龙骨→竖向龙骨分档→安装竖向龙骨→安装系统管线→安装横向卡挡龙骨→安装门洞口框→安装罩面板（一侧）→安装隔声棉→安装罩面板（另一侧）。

【相关知识】

（1）轻钢骨架隔墙工程施工前，应先安排外装，安装罩面板应待屋面、顶棚和墙体抹灰完成后进行。基底含水率已达到装饰要求，一般应小于 8%～12% 以下，并经有关单位、部门验收合格。办理完工种交接手续。如设计有地枕时，地枕应达到设计强度后方可在上面进行隔墙龙骨安装。

（2）安装各种系统的管、线盒弹线及其他准备工作已到位。

【项目准备】

(1) 材料准备

1) 各类龙骨、配件和罩面板材料以及胶粘剂的材质均应符合现行国家标准和行业标准的规定。当装饰材料进场检验，发现不符合设计要求及室内环保污染控制规范的有关规定时，严禁使用。

人造板必须有游离甲醛含量或游离甲醛释放量检测报告。如人造板面积大于 $500m^2$ 时（民用建筑工程室内）应对不同产品分别进行复检。如使用水性胶粘剂必须有 TVOC 和甲醛检测报告。

① 轻钢龙骨主件：沿顶龙骨、沿地龙骨、加强龙骨、竖向龙骨、横撑龙骨应符合设计要求和有关规定的标准。

② 轻钢骨架配件：支撑卡、卡托、角托、连接件、固定件、护墙龙骨和压条等附件应符合设计要求。

③ 紧固材料：拉锚钉、膨胀螺栓、镀锌自攻螺丝、木螺丝和粘贴嵌缝材，应符合设计要求。

④ 罩面板应表面平整、边缘整齐，不应有污垢、裂纹、缺角、翘曲、起皮、色差、图案不完整等缺陷。胶合板、木质纤维板不应脱胶、变色和腐朽。

2) 填充隔声材料：玻璃棉、岩棉等应符合设计要求选用。

3) 通常隔墙使用的轻钢龙骨为 C 型隔墙龙骨，其中分为三个系列，经与轻质板材组合即可组成隔断墙体。C 型装配式龙骨系列：

① WC50 系列可用于层高 3.5m 以下的隔墙：

② C75 系列可用于层高 3.5～6m 的隔墙；

③ C100 系列可用于层高 6m 以上的隔墙。

(2) 机具准备

角磨机、电锤、电锯、手电钻、电焊机、砂轮切割机、拉铆枪、手锯、铝合金靠尺、水平尺、扳手、卷尺、线锤、托线板、胶钳、锤、螺丝刀、钢尺、钢水平尺等。

【任务实施】

(1) 弹线

在基体上弹出水平线和竖向垂直线，以控制隔墙龙骨安装的位置、龙骨的平直度和固定点。

(2) 隔墙龙骨的安装

1) 沿弹线位置固定沿顶和沿地龙骨，各自交接后的龙骨，应保持平直。固定点间距应不大于 1000mm，龙骨的端部必须固定牢固。边框龙骨与基体之间，应按设计要求安装密封条。

2) 当选用支撑卡系列龙骨时，应先将支撑卡安装在竖向龙骨的开口上，卡距为 400～600mm，距龙骨两端为 20～25mm。

3) 选用通贯系列龙骨时，高度低于 3m 的隔墙安装一道；3～5m 时安装两道；5m 以上时安装三道。

4）门窗或特殊节点处应使用附加龙骨，加强其安装应符合设计要求。

5）隔墙的下端如用木踢脚板覆盖。隔墙的罩面板下端应离地面 20～30mm；如用大理石、水磨石踢脚时，罩面板下端应与踢脚板上口齐平，接缝要严密。

（3）石膏板安装

1）安装石膏板前，应对预埋隔墙中的管道和附于坡内的设备采取局部加强措施。

2）石青板应竖向铺设，长边接缝应落在竖向龙骨上，横向接缝不在沿地沿顶龙骨上时，应加横撑龙骨固定。

3）双面石膏饰面板安装，应与龙骨一侧的内外两层石膏板错缝排列，接缝不应落在同一根龙骨上；需要隔声、保温、防火的应根据设计要求在龙骨一侧安装好石膏饰面板后，进行隔声、保温、防火等材料的填充；一般采用玻璃丝棉或 30～100mm 岩棉板进行隔声、防火处理；采用 50～100mm、苯板进行保温处理，再封闭另一侧的板。

4）石膏板应采用自攻螺钉固定。周边螺钉的间距不应大于 200mm，中间部分螺钉的间距不应大于 300mm，螺钉与板边缘的距离应为 10～15mm。

5）安装石膏板时，应从板的中部开始向板的四边固定。钉头略埋入板内，但不得损坏纸面；钉眼应用石膏腻子抹平。

6）石膏板应按框格尺寸裁割准确；就位时应与框格靠紧，但不得强压。

7）隔墙端部的石膏板与周围的墙或柱应留有 3mm 的槽口。施铺罩面板时，应先在槽口处加注嵌缝膏。然后铺板并挤压嵌缝使面板与邻近表层接触紧密。

8）在丁字形或十字形相接处，如为阴角应用腻子嵌满，贴上接缝带，如为阳角应做护角。

9）石膏板的接缝，一般应为 3～6mm 缝，必须坡口与坡口相接。

（4）胶合板和纤维复合板安装

1）安装胶合板的基体表面应用油毡、釉质防潮时，应铺设平整，搭接严密，不得有皱折、裂缝和透孔等。

2）胶合板如用钉子固定，钉距为 80～150mm，宜采用直钉固定。需要隔声、保温、防火的隔墙，应根据设计要求，在龙骨一侧安装好胶合板罩面板后，进行隔声、保温、防火等材料的填充；一般采用玻璃丝棉或 30～100mm 岩棉板进行隔声、防火处理；采用 50～100mm 苯板进行保温处理，再封闭另一侧的罩面板。

3）胶合板如涂刷清油等涂料时，相邻板面的木纹和颜色应近似。

4）墙面用胶合板、纤维板装饰时，阳角处宜做护角。

5）胶合板、纤维板用木压条固定时，钉距不应大于 200mm。钉头应打扁，并钉入木压条 0.5～1mm，钉眼用油性腻子抹平。

6）用胶合板、纤维板作革面时，应符合防火的有关规定，在湿度较大的房间，不得使用未经防水处理的胶合板和纤维板。

（5）塑料板罩面安装

塑料板罩面安装方法一般有粘结和钉接两种。

1）粘结：聚氯乙烯塑料装饰板用胶粘剂粘结。胶粘剂通常选用聚氯乙烯胶粘剂或聚醋酸乙烯胶。

操作方法：用刮板或毛刷同时在墙面和塑料板背面涂刷，不得有漏刷。涂胶后见胶液流动性显著消失，手接触胶层感到黏性较大时，即可粘结。粘结后应采用临时固定措施，同时将挤压在板缝中多余的胶液刮除、将板面擦净。

2）钉接：安装塑料贴面板复合板应预先钻孔，再用木螺丝加垫圈紧固。也可用金属压条固定。木螺丝的钉距一般为100～500mm，排列应一致整齐。

加金属压条时，应将横竖通线拉直，并应先用钉子将塑料贴面复合板临时固定，然后加盖金属压条，用垫圈找平固定。

需要隔声、保温、防火的应根据设计要求在龙骨一侧安装好塑料贴面复合板，进行隔声、保温、防火等材料的填充；一般采用玻璃丝棉或30～100mm岩棉板进行隔声、防火处理；采用50～100mm苯板进行保温处理，再封闭另一侧的罩面板。

（6）铝合金装饰条板安装

用铝合金条板装饰墙面时，可用螺钉直接固定在结构层上，也可用锚固件悬挂或嵌卡的方法，将板固定在轻钢龙骨上，或将板固定在墙筋上。

（7）细部处理

墙面安装胶合板时，阳角处应做护角，以防板边角损坏。阳角的处理应采用刨光起线的木质压条，以增加装饰。

【任务评价】

（1）主控项目

1）骨架隔墙所用龙骨、配件、墙面板、填充材料及嵌缝材料的品种、规格、性能和木材的含水率应符合设计要求。有隔声、隔热、阻燃、防潮等特殊要求的工程，材料应有相应性能等级的检测报告。

检验方法：观察；检查产品合格证书、进场验收记录、性能检测报告和复验报告。

2）骨架隔墙工程边框龙骨必须与基体结构连接牢固，并应平整、垂直、位置正确。

检验方法：手扳检查。

3）骨架隔墙中龙骨间距和构造连接方法应符合设计要求。骨架内设备管线的安装、门窗洞口等部位加强龙骨应安装牢固、位置正确，填充材料的设置应符合设计要求。

检验方法：检查隐蔽工程验收记录。

4）骨架隔墙的墙面板应安装牢固，无脱层、翘曲、折裂及缺损。

检验方法：观察；手扳检查。

5）墙面板所用接缝材料的接缝方法应符合设计要求。

检验方法：观察。

（2）一般项目

1）骨架隔墙表面应平整光滑、色泽一致、洁净、无裂缝。接缝应均匀、顺直。

检验方法：观察；手摸检查。

2）骨架隔墙上的孔洞、盒应位置正确、套割吻合、边缘整齐。

检验方法：观察。

3）骨架隔墙内的填充材料应干燥，填充应密实、均匀、无下坠。

检验方法：轻敲检查；检查隐蔽工程验收记录。

4）骨架隔墙安装的允许偏差和检验方法应符合表 5-1 的规定。

骨架隔墙安装的允许偏差和检验方法 表 5-1

项次	项目	允许偏差（mm）		检验方法
		纸面石膏板	人造木板 水泥纤维板	
1	立面垂直度	3	4	用 2m 垂直检测尺检查
2	表面平整度	3	3	用 2m 靠尺和塞尺检查
3	阴阳角方正	3	3	用直角检测尺检查
4	接缝直线度	—	3	拉 5m 线，不足 5m 拉通线，用钢直尺检查
5	压条直线度	—	3	拉 5m 线，不足 5m 拉通线，用钢直尺检查
6	接缝高低差	1	1	用钢直尺和塞尺检查

【任务练习】

1. 轻钢龙骨隔墙工艺流程如何？

2. 简述轻钢龙骨隔墙的施工方法。

3. 简述轻钢龙骨隔墙任务评价标准。

任务 5.2　玻璃隔墙施工

【任务描述】

玻璃隔墙主要作用就是使用玻璃作为隔墙将空间根据需求划分，更加合理地利用好空间，满足各种家装和公装用途。玻璃隔墙通常采用钢化玻璃，具有抗风压性，耐寒暑性，抗冲击性等优点，所以更加安全、牢固和耐用，而且玻璃打碎后对人体的伤害比普通玻璃小很多。材质方面有三种类型：单层，双层和艺术玻璃。

【学习目标】

1. 能够根据实际工程合理进行玻璃隔墙工程施工准备。

2. 掌握玻璃隔墙工程工艺流程。

3. 能正确使用检测工具对玻璃隔墙工程施工质量进行检查验收。

4. 能够进行安全、文明施工。

【任务描述】

玻璃隔墙施工工艺流程如下：

弹隔墙定位线→划龙骨分档线→安装电管线设施→安装大龙骨→安装小龙骨→防腐处理→安装玻璃→打玻璃胶→安装压条。

【相关知识】

（1）主体结构完成及交接验收，并清理现场。

（2）砌墙时应根据顶棚标高在四周墙上预埋防腐木砖。

（3）木龙骨必须进行防火处理，并应符合有关防火规范的规定。直接接触结构的木龙骨应预先刷防腐漆。

（4）做隔墙房间需在地面的湿作业工程前将直接接触结构的木龙骨安装完毕，并做好防腐处理。

【任务准备】

（1）材料准备

1）根据设计要求的各种玻璃、木龙骨（60mm×120mm）、玻璃胶、橡胶垫和各种压条。

2）紧固材料：膨胀螺栓、射钉、自攻螺丝、木螺丝和粘贴嵌缝料，应符合设计要求。

3）玻璃规格：厚度有 8mm，10mm，12mm，15mm，18mm，22mm 等，长、宽根据工程设计要求确定。

4）质量要求应符合相关规范要求。

（2）机具准备

空气压缩机、电动气泵、冲击钻、手电钻、手提式电刨、射钉枪、曲线锯、小电锯、小台刨、铝合金靠尺、手工木锯、水平尺、斧、刨、锤、螺丝刀、摇钻、钢卷尺、方尺、线锤、托线板、扫槽刨、线刨、锯、尺、玻璃吸盘、胶枪等。

【任务实施】

（1）弹线

根据楼层设计标高水平线，顺墙高且至顶棚设计标高。沿墙弹隔墙垂直标高线及天地龙骨的水平线，并在天地龙骨的水平线上划好龙骨的分档位置线。

（2）安装大龙骨

1）天地龙骨安装：根据设计要求固定天地龙骨，如无设计要求时，可以用 8～12 号膨胀螺栓或 99～165mm 钉子固定，膨胀螺栓固定点间距 600～800mm。安装前做好防腐处理。

2）沿墙边龙骨安装：根据设计要求固定边龙骨，如无设计要求时，可以用 $\phi 8 \sim \phi 12$ 膨胀螺栓或 99～165mm 钉子与预埋木砖固定，固定点间距 800～1000mm。安装前做好防腐处理。

（3）主龙骨安装

根据设计要求按分档线位置固定主龙骨，用 132mm 的铁钉固定，龙骨每端固定应不少于 3 颗钉子，必须安装牢固。

（4）小龙骨安装

根据设计要求按分档线位置固定小龙骨，用钉子固定，必须安装牢。安装小龙骨前，也可以根据安装玻璃的规格在小龙骨上安装玻璃槽。

（5）安装玻璃

根据设计要求按玻璃的规格安装在小龙骨上；如用压条安装时先固定玻璃一侧的压条，并用橡胶垫垫在玻璃下方，再用压条将玻璃固定；如用玻璃胶直接固定玻璃，应将玻璃先安装在小龙骨的预留槽内，然后用玻璃胶封闭固定。

（6）打玻璃胶

首先在玻璃上沿四周粘上纸胶带，根据设计要求将各种玻璃胶均匀地打在玻璃与小龙骨之间。待玻璃胶完全干后撕掉纸胶带。

（7）安装压条

根据设计要求将各种规格材质的压条用直钉或玻璃胶固定在小龙骨上。如设计无要求，可以选用 10mm×12mm 木压条、10mm×10mm 铝压条或 10mm×20mm 不锈钢压条。

【任务评价】

（1）主控项目

1）玻璃隔墙工程所用材料的品种、规格、性能、图案和颜色应符合设计要求。玻璃板隔墙应使用安全玻璃。

检验方法：观察；检查产品合格证书、进场验收记录和性能检测报告。

2）玻璃砖隔墙的砌筑或玻璃板隔墙的安装方法应符合设计要求。

检验方法：观察。

3）玻璃砖隔墙砌筑中埋设的拉结筋必须与基体结构连接牢固，并应位置正确。

检验方法：手扳检查；尺量检查；检查隐蔽工程验收记录。

4）玻璃板隔墙的安装必须牢固。玻璃隔墙胶垫的安装应正确。

检验方法：观察；手推检查；检查施工记录。

（2）一般项目

1）玻璃隔墙表面应色泽一致、平整洁净、清晰美观。

检验方法：观察。

2）玻璃隔墙接缝应横平竖直，玻璃应无裂痕、缺损和划痕。

检验方法：观察。

3）玻璃板隔墙嵌缝及玻璃砖隔墙勾缝应密实平整、均匀顺直、深浅一致。

检验方法：观察。

（3）质量关键要求

1）隔墙龙骨必须牢固、平整、垂直。

2）压条应平顺光滑，线条整齐，接缝密合。

玻璃隔墙安装的允许偏差和检验方法见表 5-2。

玻璃隔墙安装的允许偏差和检验方法　　　　　　表 5-2

项次	项目	允许偏差（mm）		检 验 方 法
		玻璃砖	玻璃板	
1	立面垂直度	3	2	用2m垂直检测尺检查
2	表面平整度	3	—	用2m靠尺和塞尺检查
3	阴阳角方正	—	2	用直角检测尺检查
4	接缝直线	—	2	拉5m线，不足5m拉通线，用钢直尺检查
5	接缝高低差	3	2	用钢直尺和塞尺检查
6	接缝宽度	—	1	用钢直尺检查

【任务练习】

1. 玻璃隔墙工艺流程如何？

2. 简述玻璃隔墙的施工方法。

3. 简述玻璃隔墙任务评价标准。

项目实训　轻钢龙骨石膏板隔墙的装配训练

1. 轻钢龙骨石膏板隔墙装配实训任务明细见表1。

表 1

任务编号		时间安排	理论准备	学时
实训任务	轻钢龙骨石膏板隔墙的装配训练		实践	学时
学习领域	轻钢龙骨石膏板隔墙工程		材料整理	学时
任务名称	轻钢龙骨石膏板隔墙的装配		合计	学时
任务要求	按轻钢龙骨石膏板隔墙的施工工艺装配，组木隔断			
行动描述	教师根据授课要求提出实训要求。学生实训团队根据设计方案和实训施工现场，按轻钢龙骨石膏板隔墙的施工工艺装配一组轻钢龙骨石膏板隔墙，并按轻钢龙骨石膏板隔墙的工程验收标准和验收方法对实训工程进行验收，各项资料按行业要求进行整理。完成以后，学生进行自评，教师进行点评			
工作岗位	本工作属于工程部施工员			
工作过程	详见轻钢龙骨石膏板隔墙实训流程			
工作要求	按国家验收标准，装配轻钢龙骨石膏板隔墙，并按行业惯例准备各项验收资料			
工作工具	轻钢龙骨石膏板隔墙工程施工工具及记录本、合页纸、笔等实训记录工具			
工作团队	1. 分组。4～6人为一组，选1项组长，确定1名见习设计员、1名见习材料员、1名见习施工员、1名见习资料员、1名见习质检员。 2. 各位成员分头进行各项准备。做好资料、材料、设计方案、施工工具等准备工作			
工作方法	1. 项目组长制订计划，制订工作流程，为各位成员分配任务。 2. 见习设计员准备图纸，向其他成员进行方案说明和技术交底。 3. 见习材料员准备材料，并主导材料验收任务。 4. 见习施工员带领其他成员进行放线，放线完成以后进行核查。 5. 按施工工艺进行框架安装、饰面装饰、花饰和美术工艺小品安装、清理现场准备验收。 6. 由见习质检员主导进行质量检验。 7. 见习资料员记录各项数据，整理各种资料。 8. 项目组长主导进行实训评估和总结。 9. 指导教师核查实训情况，并进行点评			
目的	通过实践操作，掌握轻钢龙骨石膏板隔墙施工工艺和验收方法，为今后走上工作岗位做好知识和能力准备			

2. 轻钢龙骨石膏板隔墙实训流程

(1) 实训团队组成（表2）

表 2

团队成员	姓名	主要任务
项目组长		
见习设计员		
见习材料员		
见习施工员		
见习资料员		
见习质检员		
其他成员		

(2) 实训计划（表3）

表 3

工作任务	完成时间	工作要求

(3) 实训方案
1) 技术准备。
2) 机具准备（表4）

表 4

序号	分类	名称
1	机具	
2	工具	
3	计量检测用具	
4	安全防护用品	

3) 明确作业条件。

4) 编写施工工艺（表5）。

轻钢龙骨石膏板隔墙施工流程和工艺表   表 5

序号	施工流程	施工要求
1	放线定位	

序号	施工流程	施工要求
2	框架安装	
3	饰面装饰	
4	花饰或美术作品和工艺品安装	

5）明确验收方法

轻钢龙骨石膏板隔墙工程的质量验收标准见表6。

轻钢龙骨石膏板隔墙工程质量检验记录　　　　表6

序号	分项	质量标准			
1	主控项目				
2	一般项目	项目	允许偏差(mm)		检验方法
			国标、行标	企标	
		外形尺寸			
		立面垂直度			
		门与框架的平行度			

6）整理各项资料

以下各项工程资料需要装入专用资料表（表7）。

表7

序号	资料目录	份数	验收情况
1	设计图纸		
2	现场原始实际尺寸		
3	工艺流程和施工工艺		
4	工程竣工图		
5	验收标准		
6	验收记录		
7	考核评分		

7）总结汇报

实训团队成员个人总结

建议从下列方面进行总结：

① 实训情况概述（任务、要求、团队组成等）。

② 实训任务完成情况。

③ 实训的主要收获。

④ 存在的主要问题。

⑤ 团队合作情况（个人在团队中的作用、团队的整体表现、团队的竞争力如何等）。

⑥ 对实训安排有什么建议。

8）实训考核成绩评定（表8）。

轻钢龙骨石膏板隔墙安装实训考核内容、方法及成绩评定标准　　　　　表8

系列	考核内容	考核方法	要求达到的水平	分值	小组评分	教师评分
对基本知识的理解	对轻钢龙骨石膏板隔墙的理论掌握	编写施工工艺	正确编制施工工艺	30		
		理解质量标准和验收方法	正确理解质量标准和验收方法	10		
实际工作能力	在校内实训室场所，进行实际动手操作，完成分配任务	检测各项能力	技术交底的能力	8		
			材料验收的能力	8		
			放样放线的能力	8		
			框架安装和其他饰品安装的能力	8		
			质量检验的能力	8		
职业关键能力	团队精神、组织能力	个人和团队评分相结合	计划的周密性	5		
			人员调配的合理性	5		
验收能力	根据实训结果评估	实训结果和资料核对	验收资料完备	10		
任务完成的整体水平				100		

门窗装饰工程

门、窗是建筑物重要的组成部分，除了起到采光、通风、交通、保温、隔热、防盗等作用外，近年来建筑外窗也是建筑外观重要的造型手段。

国内在建筑上所用门窗材料主要有木、铝（合金）、塑钢、彩板这几种类型。从施工角度上又可分成两类：一类是门、窗在生产工厂中预拼成形，在施工现场仅需安装即可，如铝合金门窗、塑钢门窗大多属于此类；另一类是需要在现场进行加工制作的门窗，如木门窗多属此类。但木窗仅作为装饰之用如仿古建筑，作为建筑外窗已经被淘汰了，传统的木门窗榫卯结构也已经不用了。

任务 6.1　木门窗制作与安装工程

【学习目标】

1. 能够根据实际工程合理进行木门窗制作与安装工程施工准备。
2. 掌握木门窗制作与安装工程工艺流程。
3. 能正确使用检测工具对木门窗制作与安装工程施工质量进行检查验收。
4. 能够进行安全、文明施工。

【任务描述】

木门窗制作与安装施工工艺流程如下：

放样→配料、裁料→画线→打眼→开框→裁口与倒角→拼装→放线→防腐处理→木门窗框安装就位固定→门窗扇及门窗玻璃的安装→安装五金配件。

【相关知识】

（1）门窗框和扇进场后，及时组织油工将框靠墙靠地的一面涂刷防腐涂料。然后分类水平堆放平整，底层应搁置在垫木上，在仓库中垫木离地面高度不小于200mm，临时的敞篷垫木离地面高度应不小于400mm，每层间垫木板，使其能自然通风。木门窗严禁露天堆放。

（2）安装前先检查门窗框和扇有无翘扭、弯曲、窜角、劈裂，框槽间结合处松散等情况，如有则应进行修理。

（3）预先安装的门窗框，应在楼、地面基层标高或墙砌到窗台标高时安装。后装的门窗框，应在主体工程验收合格、门窗洞口防腐木砖埋设齐备后进行。

（4）门窗扇的安装应在饰面完成后进行。没有木门框的门扇。应在墙侧处安装预埋件。

【任务准备】

（1）材料准备

1）木门窗的材料或框和扇的规格型号、木材类别、选材等级、含水率及制作质量均须符合设计要求，并且必须有出厂合格证。

2）防腐剂、油漆、木螺丝、合页、插销、挺钩、门锁等各种小五金必须符合设计要求。

3）对于不同轻质墙体预埋设的木砖及预埋件等，应符合设计要求。

（2）机具准备

水准仪、手电钻、电刨、电锯、电锤、锯刨、水平尺、木工斧、羊角锤、木工三角尺、吊线坠。

【任务实施】

（1）放样

放样是根据施工图纸上设计好的木制品，按照足尺1：1将木制品构造画出来，做成样板，样板采用松木制作，双面刨光，厚约25cm。宽等于门窗模子的断面宽，长比门窗高度大200mm左右，经过仔细校核后才能使用，放样是配料和裁料、画线的依据，在使用的过程中，注意保持其画线的清晰，不要使其弯曲或折断。

（2）配料、裁料

配料是在放样的基础上进行的，因此，要计算出各部件的尺寸和数量，列出配料单，按配料单进行配料。

配料时，对原材料要进行选择，有腐朽、斜裂节疤的木料，应尽量躲开不用；不干燥的木料不能使用。精打细算，长短搭配，先配长料，后配短料；先配框料，后配扇料。门窗框料有顺弯时，其弯度一般不超过4mm；扭弯者一律不得使用。配料时，要合理的确定加工余量，各部件的毛料尺寸要比净料尺寸加大些，具体加大量可参考如下：

断面尺寸：单面刨光加大1～1.5mm，双面刨光加大2～3mm。机械加工时单面刨光加大3mm，双面刨光加大5mm。

配料时还要注意木材的缺陷，节疤应躲开钻孔等部位起线，也禁止有节疤。

在选配的木料上按毛料尺寸画出截断、锯开线，考虑到锯解木料的损耗，一般留出 2～3mm 的损耗量。锯时要注意锯线直、端面平。

（3）刨料

刨料时，宜将纹理清晰的里材作为正面，对于门、窗框的梃及冒头可不刨靠墙的一面；门、窗扇的上冒头和梃也可先刨三面，靠亮子的一面待安装时根据缝的大小再进行修刨。刨完后，应按同类型、同规格按扇分别堆放，上、下对齐。每个正面相合，堆垛下面要垫实平整。

（4）画线

画线是根据门窗的构造要求，在各根刨好的木料上打眼线等。

画线前，先要弄清楚样、眼的尺寸和形式，什么地方做样，什么地方凿眼，弄清图纸要求和样板式样，尺寸、规格必须一致，并先做样品，经审查合格后，再正式画线。

窗无特殊要求时，可用平肩插。梃宽超过 80mm 时，要画双榫；门扇梃厚度超过 60mm 时，要画双榫，60mm 以下画单榫。冒头料宽度大于 180mm 的，一般画上下双榫。榫眼厚度一般为料厚的 1/4～1/3，深度一般不大于料断面的 1/4，冒头拉肩应和榫吻合。

成批画线应在画线架上进行。把门窗料叠放在架子上，将螺钉拧紧固定，然后用丁字尺一次划下来，既准确又迅速，并标识出门窗料的正面背面。所有眼注明是全眼还是半眼，透榫还是半榫。正面眼线划好后，要将眼线划到背面，并划好倒棱、裁口线，这样所有的线就画好了。要求线要画得清楚、准确、齐全。

（5）打眼

打眼之前，应选择等于眼宽的凿刀，凿出的眼顺木纹两侧要直，不得出错搓。先打全眼，后打半眼。全眼要先打背面，凿到一半时，翻转过来再打正面直到贯穿。眼的正面要留半条里线，反面不留线，但比正面略宽。这样装榫头时，可减少冲击，以免挤裂眼口四周。成批生产时，要经常核对，检查眼的位置尺寸，以免发生误差。

（6）开榫、拉肩

开榫就是按榫头线纵向锯开。拉肩就是锯掉榫头两旁的肩头，通过开榫和拉肩操作就制成了榫头。

拉肩、开榫要留半个墨线。锯出的榫头要方正、平直、榫眼处完整无损，没有被拉肩操作面锯伤。半榫的长度应比半眼的深 2～3mm，锯成的榫要方正，不能伤榫眼。榫头倒棱以防装楔头时将眼背面顶裂。

（7）裁口与倒棱

裁口即刨去框的一个方形角部分，供装玻璃用。用裁口刨子或用歪嘴子刨。快刨到要刨的部分时，用单线刨子刨，去掉木屑，刨到合格为止。裁好的口要求方正平直，不能有放搓起毛、凹凸不平的现象。倒棱也称为倒八字，即沿框刨去一个三角形部分。倒棱要平直，不能过线。裁口也可用电锯切割，需留 1mm 再用单线刨子刨到需求位置为止。

（8）拼装

拼装前对部件应进行检查，要求部件方正、平直，线脚整齐分明，表面光滑，尺寸规格、式样符合设计要求，并用细刨将遗留墨线刨光。

门窗框的组装，是把一根边梃的眼，再装上另一边的梃；用锤轻轻敲打拼合，敲打时要垫木块防止打坏榫头或留下敲打的痕迹。待整个拼好归方以后，再将所有榫头敲实，锯断露出的榫头。拼装先将榫头沾抹上胶再用锤轻轻敲打拼合。

门窗扇的组装方法与门窗框基本相同。但木扇有门心板，须先把门心板按尺寸裁好，一般门心板应比门扇边上亮得的尺寸小 3～5mm，门心板的四边去棱，刨光。然后，先把一根门梃平放，将冒头逐个装入，门心板嵌入冒头与门梃的凹槽内，再将另一根门梃的眼对准榫装入，并用锤垫木块敲紧。

门窗框、扇组装好后，为使其成为一个结实的整体，必须在眼中加木楔，将榫在眼中挤紧。木楔长度为榫头的 2/3。楔子头用扁铲顺木纹铲尖，加楔时应先检查门窗框、扇的方正，掌握其歪扭情况，以便在加楔时调整、纠正。

一般每个榫头内必须加两个楔子。加楔时，用凿子或斧子把榫头凿出一道缝，将楔子两面抹上胶插进缝内。敲打楔子要先轻后重，逐步撑入，不要用力太猛。当楔子已打不动，眼已扎紧饱满，就不要再敲，以免将木料撑裂。在加楔的过程中，对框、扇要随时用角尺或尺杆卡窜角找方正，并校正框、扇的不平处，加楔时注意纠正。

组装好的门窗、扇用细刨刨平，先刨光面。双扇门窗要配好对，对缝的裁口刨好。安装前，门窗框靠墙的一面，均要刷一道防腐剂，以增强防腐能力。

为了防止在运输过程中门窗框变形，在门框下端钉上拉杆，拉杆下皮正好是锯口。大的门窗框，在中贯档与梃间要钉八字撑杆，外面四个角也要钉八字撑杆。

门窗框组装、净面后，应按房间编号，按规格分别码放整齐，堆垛下面要垫木块。不准在露天堆放，要用油布盖好，以防止日晒雨淋。门窗框进场后应尽快刷一道底油防止风裂和污染。

（9）门窗框的后安装

1）主体结构完工后，复查洞口标高、尺寸及木砖位置。

2）将门窗框用木楔临时固定在门窗洞口内相应位置。

3）用吊线坠校正框的正、侧面垂直度，用水平尺校正框冒头的水平度。

4）用砸扁钉帽的钉子钉牢在木砖上。钉帽要进入木框内 1～2mm，每块木砖要钉两处。

5）高档硬木门框应用钻打孔木螺丝拧固并拧进木框 5mm 用同等木补孔。

（10）门窗扇的安装

1）最初窗口净尺寸，考虑留缝宽度。确定门窗扇的高、宽尺寸，先画出中间缝处的中线，再画出边线，并保证梃宽一致，四边画线。

2）若门窗扇高、宽尺寸过大，则刨去多余部分。修刨时应先锯余头，再行修刨。门窗扇为双扇时，应先做打叠高低缝，并以开启方向的右扇压左扇。

3）若门窗扇高、宽尺寸过小，可在下边或装合页一边用胶和钉子绑钉刨光的木条。钉帽砸扁，钉入木条内 1~2mm，然后锯掉余头刨平。

4）平开扇的底边，中悬扇的上下边，上悬扇的下边，下悬扇的上边等与框接触且容易发生摩擦的边，应刨成 1mm 斜面。

5）试装门窗扇时，应先用木楔塞在门窗扇的下边，然后再检查缝隙并注意窗棂和玻璃芯子平直对齐。合格后画出合页的位置线，剔槽装合页。

（11）门窗小五金的安装

1）所有小五金必须用木螺丝固定安装，严禁用钉子代替。使用木螺丝时，先用手锤钉入全长的 1/3，接着用螺丝刀拧入。当木门窗为硬木时，先钻孔径为木螺丝直径 0.9 倍的孔，孔深为木螺丝全长的 2/3，然后再拧入木螺丝。

2）铰链距门窗扇上下两端的距离为扇高的 1/10，且避开上下冒头，安好后必须灵活。

3）门锁距地面约高 0.9~1.05m，应错开中冒头和边梃的榫头。

4）门窗拉手应位于门窗扇中线以下，窗拉手距地面 1.55~1.6m。

5）窗风钩应装在窗框下冒头与窗扇下冒头央角处，使窗开启后成 90°角，并使上下各层窗扇开启后整齐划一。

6）门插销位于门拉手下边。装窗插销时应先固定插销底板。再关窗打插销压痕，凿孔，打入插销。

7）门扇开启后易碰墙的门，为固定门扇应安装门吸。

8）小五金应安装齐全，位置适宜，固定可靠。

【任务评价】

（1）主控项目

1）木门窗的木材品种、材质等级、规格、尺寸、框扇的线型及人造木板的甲醛含量应符合设计要求。设计未规定材质等级时，所用木材的质量应符合《建筑装饰装修工程质量验收规范》GB 50210—2001 附录 A 的规定。

检验方法：观察；检查材料进场验收记录和复验报告。

2）木门窗的防火、防腐、防虫处理应符合设计要求。

检验方法：观察；检查材料进场验收记录。

3）木门窗的结合处和安装配件处不得有木结或已填补的木结。木门窗如有允许限值以内的死结及直径较大的虫眼时，应用同一材质的木塞加胶填补。对于清漆制品，木塞的木纹和色泽应与制品一致。

检验方法：观察。

4）门窗框和厚度大于 50mm 的门窗扇应用双榫连接。榫槽应采用胶料严密嵌合，并应用胶楔加紧。

检验方法：观察；手扳检查。

5）胶合板门、纤维板门和模压门不得脱胶。胶合板不得刨透表层单板，不得有放搓。制作胶合板门、纤维板门时，边框和横楞应在同一平面上，面层、边框及横楞应加压胶结。横楞和上、下冒头应各钻两个以上的透气孔，透气孔应通畅。

检验方法：观察。

6）木门窗框的安装必须牢固。预埋木砖的防腐处理、木门窗框固定点的数量，位置及固定方法应符合设计要求。

检验方法：观察；手扳检查；检查隐蔽工程验收记录和施工记录。

7）木门窗扇必须安装牢固，并应开关灵活，关闭严密，无倒翘。

检验方法：观察；开启和关闭检查；手扳检查。

8）木门窗配件的型号、规格、数且应符合设计要求，安装应牢固，位置应正确，功能应满足使用要求。

检验方法：观察；开启和关闭检查；手扳检查。

（2）一般项目

1）木门窗表面应洁净，不得有刨痕、锤印。

检验方法：观察。

2）木门窗的割角、拼缝应严密平整。门窗框、扇裁口应顺直，刨面应平整。

检验方法：观察。

3）木门窗上的槽、孔应边缘整齐，无毛刺。

检验方法：观察。

4）木门窗与墙体间缝隙的填嵌材料应符合设计要求，填嵌应饱满。寒冷地区外门窗（或门窗框）与砌体间的空隙应填充保温材料。

检验方法：轻敲门窗框检查；检查隐蔽工程验收记录和施工记录。

5）木门窗盖口条、压缝条、密封条安装应顺直，与门窗结合应牢固、严密。

检验方法：观察；手扳检查。

（3）质量关键要求

1）立框时掌握好抹灰层厚度，确保有贴脸的门窗框安装后与抹灰面平齐。

2）安装门窗框时必须事先量一下洞口尺寸，计算并调整缝隙宽度。避免门窗框与门窗洞之间的缝隙过大或过小。

3）木砖的埋置一定要满足数量和间距的要求，即 2m 高以内的门窗每边不少于 3 块木砖，木砖间距以 0.8～0.9m 为宜；2m 高以上的门窗框，每边木砖间距不大于 1m，以保证门窗框安装牢固。

木门窗安装的允许偏差和检验方法见表 6-1。

木门窗安装的允许偏差和检验方法 表 6-1

项次	项　目	允许偏差（mm）		检验方法
		普通	高级	
1	门窗槽口对角线长度差	3	2	用钢尺检查
2	门窗框的正、侧面垂直度	2	1	用 1m 垂直检测尺检查
3	框与扇、扇与扇接缝高低差	2	1	用钢直尺和塞尺检查

项次	项目		允许偏差(mm)		检验方法
			普通	高级	
4	门窗扇对口缝		—	—	用塞尺检查
5	工业厂房双扇大门对口缝		—	—	
6	门窗扇与上框间留缝		—	—	
7	门窗扇与侧框间留缝		—	—	
8	窗扇与下框间留缝		—	—	
9	门扇与下框间留缝		—	—	
10	双层门窗内外框间距		4	3	用钢尺检查
11	无下框时门扇与地面间留缝	外门	—	—	用塞尺检查
		内门	—	—	
		卫生间门	—	—	
		厂房大门	—	—	

【任务练习】

1. 木门窗安装工艺流程如何？

2. 简述木门窗安装工程的施工方法。

任务 6.2 铝合金门窗安装施工

【学习目标】

1. 能够根据实际工程合理进行铝合金门窗安装工程施工准备。

2. 掌握铝合金门窗安装工程工艺流程。

3. 能正确使用检测工具对铝合金门窗安装工程施工质量进行检查验收。

4. 能够进行安全、文明施工。

【任务描述】

铝合金门窗安装施工工艺流程如下：

画线定位→铝合金窗披水安装→防腐处理→铝合金门窗的安装就位→铝合金门窗框的固定→门窗框与墙体间隙的处理→门窗扇及门窗玻璃的安装→安装五金配件。

【相关知识】

1. 主体结构经有关质量部门验收合格。工种之间已办好交接手续。

2. 检查门窗洞口尺寸及标高是否符合设计要求。有预埋件的门窗口还应检查预埋件的数量、位置及埋设方法是否符合设计要求。

3. 按图纸要求尺寸弹好门窗中线，并弹好室内+50cm水平线。

4. 检查铝合金门窗，如有劈棱窜角和翘曲不平、偏差超标、表面损伤、变形及松动、外观色差较大者，应与有关人员协商解决。经处理，验收合格后才能安装。

【任务准备】

（1）材料准备

1）铝合金门窗的规格、型号应符合设计要求，五金配件配套齐全，并具有出厂合格证、材质检验报告书并加盖厂家印章。

2）防腐材料、填缝材料、密封材料、防锈漆、水泥、砂、连接板等应符合设计要求和有关标准的规定。

3）进场前应对铝合金门窗进行验收检查，不合格者不准进场。运到现场的铝合金门窗应分型号、规格堆放整齐，并存放于仓库内。搬运时轻拿轻放，严禁扔摔。

目前使用较广泛的铝合金门窗型材有：

46 系列地弹门型材；

90 系列推拉窗及同系列中空玻璃推拉窗型材；

73 系列推拉窗型材；

70 系列推拉窗型材；

55 系列推拉窗型材；

50 系列推拉窗和同系列平开窗及 38 系列平开窗型材。

（2）机具准备

电钻、电焊机、水准仪、电锤、活扳手、钳子、水平尺、线坠、螺丝刀。

【任务实施】

（1）画线定位

1）根据设计图纸中门窗的安装位置、尺寸和标高，依据门窗中线向两边画出门窗边线。若为多层或高层建筑时，以顶层门窗边线为准，用线坠或经纬仪将门窗边线下引，并在各层门窗口处画线标记，对个别不直的口边应剔凿处理。

2）门窗的水平位置应以楼层室内＋50m 的水平线为准向上反量出窗下皮标高，弹线找直。每一层必须保持窗下皮标高一致。

（2）铝合金窗披水安装

按施工图纸要求将披水固定在铝合金窗上，且要保证位置正确、安装牢固。

（3）防腐处理

1）门窗框四周外表面的防腐处理设计有要求时，按设计要求处理。如果设计没有要求时，可涂刷防腐涂料或粘贴塑料薄膜进行保护，以免水泥砂浆直接与铝合金门窗表面接触，产生电化学反应，腐蚀铝合金门窗。

2）安装铝合金门窗时，如果采用连接铁件固定，则连接铁件、固定件等安装用金属零件最好用不锈钢件。否则必须进行防腐处理，以免产生电化学反应，腐蚀铝合金门窗。

（4）铝合金门窗的安装就位

根据划好的门窗定位线，安装铝合金门窗框，并及时调整好门窗框的水平、垂直及对角线长度等符合质量标准，然后用木楔临时固定。

（5）铝合金门窗的固定

1）当墙体上预埋有铁件时，可直接把铝合金门窗的铁脚直接与墙体上的预埋铁件焊牢，焊接处需做防锈处理。

2）当墙体上没有预埋铁件时，可用金属膨胀螺栓或塑料膨胀螺栓将铝合金门窗的铁脚固定到墙上。

3）当饰体上没有预埋铁件时，也可用电钻在墙上打 80mm 深、直径为 6mm 的孔，用 L 型尺寸为 80mm×50mm，直径为 6mm 的钢筋。在长的一端粘涂 108 胶，然后打入孔中。待 108 胶水泥浆终凝后，再将铝合金门窗的铁脚与埋置的 6mm 钢筋焊牢。

（6）门窗框与墙体间缝隙的处理

1）铝合金门窗安装固定后，应先进行隐蔽工程验收，合格后及时按设计要求处理门窗框与墙体之间的缝隙。

2）如果设计没有要求时，可采用弹性保温材料或玻璃棉毡条分层填塞缝隙，外表面留 5～8mm 深槽口填嵌缝油膏或密封胶。

（7）门窗扇及门窗玻璃的安装

1）门窗扇和门窗玻璃应在洞口墙体表面装饰完工验收后安装。

2）推拉门窗在门窗框安装固定后，将配好玻璃的门窗扇整体安入框内滑槽，调整好与扇的缝隙即可。

3）平开门窗在框与扇格架组装上墙、安装固定好后再安玻璃，即先调整好框与扇的缝隙，再将玻璃安入扇并调整好位置，最后镶嵌密封条及密封胶。

4）地弹簧门应在门框及地弹簧主机入地安装固定后再安门扇。先将玻璃嵌入门扇格架并一起入框就位，调整好框扇缝隙，最后填嵌门扇玻璃的密封条及密封胶。

（8）安装五金配件

五金配件与门窗连接用镀锌螺钉。安装的五金配件应结实牢固，使用灵活。

【任务评价】

（1）主控项目

1）铝合金门窗的品种、类型、规格、尺寸、性能、开启方向、安装位置、连接方式及铝合金门窗的型材壁厚应符合设计要求。铝合金门窗的防腐处理及填嵌、密封处理应符合设计要求。

检验方法：观察；尺量检查；检查产品合格证书、性能检测报告、进场验收记录和复验报告；检查隐蔽工程验收记录。

2）铝合金门窗框和副框的安装必须牢固。预埋件的数量、位置、埋设方式、与框的连接方式必须符合设计要求。

检验方法：手扳检查；检查隐蔽工程验收记录。

3）铝合金门窗扇必须安装牢固，并应开关灵活、关闭严密、无倒翘。推拉门窗必须有防脱落措施。

检验方法：观察；开启和关闭检查；手扳检查。

4）铝合金门窗配件的型号、规格、数量应符合设计要求，安装应牢固，位置应正确，功能应满足使用要求。

检验方法：观察；开启和关闭检查；手扳检查。

（2）一般项目

1）铝合金门窗表面应洁净、平整、光滑、色泽一致，无锈蚀。大面应无划痕、碰伤。漆膜或保护层应连续。

检验方法：观察。

2）铝合金门窗推拉门窗扇开关力应不大于100N。

检验方法：用弹簧秤检查。

3）铝合金门窗框与墙体之间的缝隙应填嵌饱满，并采用密封胶密封。密封胶表面应光滑、顺直，无裂纹。

检验方法：观察；轻敲门窗框检查；检查隐蔽工程验收记录。

4）铝合金门窗扇的橡胶密封条或毛毡密封条应安装完好，不得脱槽。

检验方法：观察；开启和关闭检查。

5）有排水孔的铝合金门窗，排水孔应畅通，位置和数目应符合设计要求。

检验方法：观察。

铝合金门窗安装的允许偏差和检验方法见表6-2。

铝合金门窗安装的允许偏差和检验方法　　　　　　　　表6-2

序号	检查项目		安装允许偏差（mm）	检查方法
1	门窗槽口宽度、高度	≤1500mm	1.5	用钢尺检查
		>1500mm	2	
2	门窗槽口对角线长度差	≤2000mm	3	用钢尺检查
		>2000mm	4	
3	门窗横框的正、侧面垂直度		2.5	用垂直检测尺检查
4	门窗横框的水平度		2	用1m水平尺和塞尺检查
5	门窗横框标高		5	用钢尺检查
6	门窗竖向偏离中心		5	用钢尺检查
7	双层门窗内外框间距		4	用钢尺检查
8	推拉门窗与框搭接量		1.5	用钢直尺检查

【任务练习】

1. 铝合金门窗安装工艺流程如何？

2. 简述铝合金门窗安装工程的施工方法。

任务6.3　塑料门窗安装施工

【学习目标】

1. 能够根据实际工程合理进行铝合金门窗安装工程施工准备。

2. 掌握铝合金门窗安装工程工艺流程。

3. 能正确使用检测工具对铝合金门窗安装工程施工质量进行检查验收。

4. 能够进行安全、文明施工。

【任务描述】

塑料门窗安装施工工艺流程如下：

清理，安装固定片→门窗框就位→门窗框固定→嵌缝密封→安装门窗扇→安装五金配件→清洗保洁。

【相关知识】

（1）主体结构已施工完毕，经有关部门验收合格；或墙面已粉刷完毕，工种之间已办好交接手续。

（2）当门窗采用预埋木砖与墙体连接时，墙体中应按设计要求埋置防腐木砖。如加气混凝土墙，应预埋胶粘圆木。

（3）同一类型的门窗及其相邻的上、下、左右洞口应横平竖直；对于高级装饰工程及放置过梁的洞口，应做洞口样板。

（4）按图要求的尺寸弹好门窗中线，并弹好室内+50cm，水平线。

（5）组合窗的洞口，应在拼樘料的对应位置设预埋件或预留洞。

（6）门窗安装应在洞口尺寸按第（3）条的要求检验并合格，办好工种交接手续后，方可进行。门的安装应在地面工程施工前进行。

【任务准备】

（1）材料准备

1）材料规格

塑料门窗按照施工的要求进行定做。

2）质量要求

① 表面无色斑、无划伤。

② 门窗及边框平直，无弯曲、变形。

3）塑料门窗的规格、型号应符合设计要求，五金配件配套齐全，并具有出厂合格证。

4）玻璃、嵌缝材料、防腐材料等应符合设计要求和有关标准的规定。

5）进场前应先对塑料门窗进行验收检查，不合格者不准进场。运到现场的塑料门窗应分型号、规格以不小于 70°的角度立放于整洁的仓库内，需放置垫木。仓库内的环境温度应小于 5℃；门窗与热源的距离不应小于 1m，并不得与腐蚀物质接触。

6）搬运时应轻拿轻放，严禁抛摔，并保护好其保护膜。

（2）机具准备

手电钻、电锤、水准仪、锯、水平尺、螺丝刀、扳手、钳子、线坠。

【任务实施】

（1）将不同型号、规格的塑料门窗搬到相应的洞口旁竖放。当有保护膜脱落时，应补贴保护膜，并在框上边下边分别划中线。

（2）如果玻璃已安装在门窗上，应卸下玻璃并做好标记。

（3）在门窗的上框及边框上安装固定片，其安装应符合下列要求。

1）检查门窗框上下边的位置及其内外朝向，并确认无误后，再安固定片。安装时应先采用钻头钻孔，然后将十字槽盘端头自攻螺丝 M4×20 拧入，严禁直接锤击钉入。

2）固定片的位置应距门窗角、中竖框、中横框 150～200mm，固定片之间的间距应不大于 600mm。不得将固定片直接装在中横框、中竖框的挡头上。

（4）根据设计图纸及门窗扇的开启方向，确定门窗框的安装位置，并把门窗框装入洞口，并使其上下框中线与洞口中线对齐。安装时应采取防止门窗变形的措施。无下框平开门应使两边框的下脚低于地面标高线 30mm。带下框的平开门或推拉门应使下框低于地面标高线 10mm。然后将上框的一个固定片固定在墙体上，并应调整门框的水平度、垂直度和直角度，用木楔临时固定。当下框长度大于 0.9m 时，其中间也用木楔塞紧。然后调整垂直度、水平度及直角度。

（5）当门窗与墙体固定时，应先固定上框，后固定边框。

1）混凝土墙洞口采用塑料膨胀螺钉固定。

2）砖墙洞口采用塑料膨胀螺钉或水泥钉固定，并固定在胶粘圆木上。

3）加气混凝土洞口，采用木螺钉将固定片固定在胶粘圆木上。

4）设有预埋铁件的洞口应采取焊接的方法固定，也可先在预埋件上按拧紧固件打基孔，然后用紧固件固定。

5）设有防腐木砖的墙面。采用木螺钉把固定片固定在防腐木砖上。

6）窗下框与墙体的固定可将固定片直接伸入墙体预留孔内，并用砂浆填实。塑料门窗拼模料内补加强型钢，其规格壁厚必须符合设计要求。拼樘料与墙体连接时，其两端必须与洞口固定牢固。

7）应将门窗框或两窗框与拼樘料卡接，并用紧固件双向扣紧，其间距不大于 600mm；紧固件端头及拼樘料与窗框之间缝隙用嵌缝油膏密封处理。

8）门窗框与洞口之间的伸缩缝内腔应采用闭孔泡沫塑料、发泡聚苯乙烯等弹性材料分层填塞。之后去掉临时固定用的木楔，其空隙用相同材料填塞。

9）门窗洞内外侧与门窗框之间缝隙的处理如下：

普通单玻璃窗、门：洞口内外侧与门窗框之间用水泥砂浆或麻刀白灰浆填实抹平；靠近铰链一侧，灰浆压住门窗框的厚度以不影响扇的开启为限，待水泥砂浆或麻刀灰浆硬化后，外侧用嵌缝膏进行密封处理。

保温、隔声门窗，洞口内侧与窗框之间用水泥砂浆或麻刀白灰浆填实抹平；当外侧抹灰时，应用片材将抹灰层与门窗框临时隔开，其厚度为 5mm，抹灰层应超出门窗框，其厚度以不影响扇的开启为限。待外抹灰层硬化后，撤去片材，将嵌缝膏挤入抹灰层与门窗框缝隙内。

10）门扇待水泥砂浆硬化后安装。

门窗玻璃的安装应符合下列规定：

玻璃不得与玻璃槽直接接触，应在玻璃四边垫上不同厚度的玻璃垫块。边框上的垫块应用聚氯乙烯胶加以固定。将玻璃装进框扇内，然后用玻璃压条将其固定。

安装双层玻璃时，玻璃夹层四周应嵌入隔条，其中隔条应保证密封、不变形、不脱落；玻璃槽及玻璃内表面应干燥、清洁。

镀膜玻璃应装在玻璃的最外层；单面镀膜层应朝向室内。

门锁、把手、纱窗铰链及锁扣等五金配件应安装牢固，位置正确，开关灵活。

安装完后应整理纱网，压实压条。

【任务评价】

（1）主控项目

1）塑料门窗的品种、类型、规格、尺寸、开启方向、安装位置、连接方式及填嵌密封处理应符合设计要求，内衬增强型钢的壁厚及设置应符合国家现行产品标准的质量要求。

检验方法：观察；尺量检查；检查产品合格证书、性能检测报告、进场验收记录和复验报告；检查隐蔽工程验收记录。

2）塑料门窗框、副框和扇的安装必须牢固。固定片或膨胀螺栓的数量与位置应正确，连接方式应符合设计要求。固定点应距窗角、中横框、中竖框 150～200mm，固定点间距应不大于 600mm。

检验方法：观察；手扳检查；检查隐蔽工程验收记录。

3）塑料门窗拼樘料内衬增加型钢的规格、壁厚必须符合设计要求，型钢应与型材内腔紧密吻合，其两端必须与洞口固定牢固。窗框必须与拼樘料连接紧密，固定点间距应不大于 600mm。

检验方法：观察；手扳检查；尺量检查；检查进场验收记录。

4）塑料门窗扇应开关灵活、关闭严密，无倒翘。推拉门窗扇必须有防脱落措施。

检验方法：观察；开启和关闭检查；手扳检查。

5）塑料门窗配件的型号、规格、数量应符合设计要求，安装应牢固，位置应正确，功能应满足使用要求。

检验方法：观察；手扳检查；尺量检查。

6）塑料门窗框与墙体间缝隙应采用闭孔弹性材料填嵌饱满，表面应采用密封胶密封。密封胶应粘结牢固，表面应光滑、顺直、无裂纹。

检验方法：观察；检查隐蔽工程验收记录。

（2）一般项目

1）塑料门窗表面应洁净、平整、光滑，大面应无划痕、碰伤。

检验方法：观察。

2）塑料门窗扇的密封条不得脱槽。旋转窗间隙应基本均匀。

3）塑料门窗扇的开关力应符合下列规定：

① 平开门窗扇平铰链的开关力应不大于 80N；滑撑铰链的开关力应不大于

80N，且不小于 30N。

② 推拉门窗扇的开关力应不大于 100N。

检验方法：观察；用弹簧秤检查。

4）玻璃密封条与玻璃槽口的接缝应平整，不得卷边。

检验方法：观察。

5）排水孔应畅通，位置和数量应符合设计要求。

检验方法：观察。

6）塑料门窗安装的允许偏差和检验方法应符合相关规定。

（3）质量关键要求

1）塑料门窗安装时，必须按施工操作工艺进行。施工前一定要画线定位，使塑料门窗上下顺直，左右标高一致。

2）安装时要使塑料门窗垂直方正，对有劈棱掉角和窜角的门窗扇必须及时调整。

3）门窗框扇上若粘有水泥砂浆，应在其硬化前用湿布擦干净，不得用硬质材料铲刮窗框扇表面。

4）因塑料门窗材质较脆，所以安装时严禁直接锤击钉入，必须先钻孔，再用自攻螺钉拧入。

塑料门窗安装允许偏差和检验方法见表 6-3。

塑料门窗安装允许偏差和检验方法　　　　　　　表 6-3

序号	检查项目		安装允许偏差（mm）	检查方法
1	门窗槽口宽度、高度	≤1500mm	2	用钢尺检查
		>1500mm	3	
2	门窗槽口对角线长度差	≤2000mm	3	用钢尺检查
		>2000mm	5	
3	门窗横框的正、侧面垂直度		3	用1m垂直检测尺检查
4	门窗横框的水平度		3	用1m水平尺和塞尺检查
5	门窗横框标高		5	用钢尺检查
6	门窗竖向偏离中心		5	用钢直尺检查
7	双层门窗内外框间距		4	用钢尺检查
8	同樘平开门窗相邻高度差		2	用钢直尺检查
9	水平门窗铰链部位配合间隙		+2；−1	用塞尺检查
10	推拉门窗与框搭接量		+1.5；−2.5	用钢直尺检查
11	推拉门窗与竖框平行度		2	用1m水平尺和塞尺检查

【任务练习】

1. 塑料门窗安装工艺流程如何？

2. 简述塑料门窗安装工程的施工方法。

任务 6.4 全玻璃门安装施工

【学习目标】

1. 能够根据实际工程合理进行全玻璃门安装工程施工准备。

2. 掌握全玻璃门安装工程工艺流程。

3. 能正确使用检测工具对全玻璃门安装工程施工质量进行检查验收。

4. 能够进行安全、文明施工。

【任务描述】

全玻璃门安装施工工艺流程如下。

1) 固定部分安装：

裁割玻璃→固定底托→安装玻璃板→注胶封口。

2) 活动玻璃门扇安装：

画线→确定门窗高度→固定门窗上下横档→门窗固定→安装拉手。

【相关知识】

(1) 墙、地面的饰面已施工完毕，现场已清理干净，并经验收合格。

(2) 门框的不锈钢或其他饰面已经完成。门框顶部用来安装固定玻璃板的位置已预留好。

(3) 活动玻玻门扇安装前应先将地面上的地弹簧和门扇顶面横梁上的定位销安装固定完毕，安装时应吊垂线检查，做到准确无误，地弹簧转轴与定位销为同一中心线。

【任务准备】

(1) 材料准备

玻璃：主要是指 12mm 以上厚度的玻璃，根据设计要求选好玻璃，并安放在安装位置附近。

不锈钢或其他有色金属型材的门框都应加工好，准备安装。

辅助材料：如木方、玻璃胶、地弹簧、木螺钉、自攻螺钉等根据设计要求准备。

(2) 机具准备

电钻、气砂轮机、水准仪、玻璃吸盘、钳子、水平尺、线坠。

【任务实施】

(1) 固定部分安装

1) 裁割玻璃：厚玻璃的安装尺寸，应从安装位置的底部、中部和顶部进行测量，选择最小尺寸为玻璃板宽度的切割尺寸。如果在上、中、下测得的尺寸一致，其玻璃宽度的裁割应比实测尺寸小 3～5mm。玻璃板的高度方向裁割应小于实测尺寸的 3～5mm。玻璃板裁割后，应将其四周做倒角处理，倒角宽度为 2mm，如若在现场自行倒角,应手握细砂轮块做缓慢细磨操作,防止崩边崩角。

2)固定底托:不锈钢(或铜)饰面的木底托,可用木楔加钉的方法固定于地面,然后再用万能胶将不锈钢饰面板粘卡在木方上。如果是采用铝合金方管,可用铝角将其固定在框柱上,或用木螺钉固定于地面埋入的木楔上。

3)安装玻璃板:用玻璃吸盘将玻璃板吸紧,然后进行玻璃就位。先把玻璃板上边插入门框底部的限位槽内,然后将其下边安放于木底托上的不锈钢包面对口缝内。

在底托上固定玻璃板的方法为:在底托木方上钉木条板,距玻璃板面 4mm 左右;然后在木板条上涂刷万能胶,将饰面不锈钢板片粘卡在木方上。

4)注胶封口:玻璃门固定部分的玻璃板就位以后,即在顶部限位槽处和底部的底托固定处,以及玻璃板与框柱的对缝处等各缝隙处,均注胶密封。首先将玻璃胶开封后装入打胶枪内,即用胶枪的后压杆端头板顶住玻璃胶罐的底部;然后一只手托住胶枪身,另一只手握着注胶压柄不断松压循环地操作压柄,将玻璃胶注于需要封口的缝隙端。由需要注胶的缝隙端头开始,顺缝隙匀速移动,使玻璃胶在缝隙处形成一条均匀的直线。最后用塑料片刮去多余的玻璃胶,用刀片擦净胶迹。

门上固定部分的玻璃板需要对接时,其对接缝应有 3～5mm 的宽度,玻璃板边都要进行倒角处理。当玻璃块留缝定位并安装稳固后,即将玻璃胶注入其对接的缝隙,用塑料片在玻璃板对缝的两面把胶刮平,用刀片擦净胶料残迹。

(2)活动玻璃门扇安装

全玻璃活动门扇的结构没有门扇框,门扇的启闭由地弹簧实现,地弹簧与门扇的上下金属横档进行铰接。

1)画线

在玻璃门扇的上下金属横档内画线,按线固定转动销的销孔板和地弹簧的转动轴连接板。具体操作可参照地弹簧产品安装说明。

2)确定门扇高度

玻璃门扇的高度尺寸,在裁割玻璃板时应注意包括插入上下横档的安装部分。一般情况下,玻璃高度尺寸应小于测量尺寸 5mm 左右,以便于安装时进行定位调节。把上、下横档(多采用镜面不锈钢成型材料)分别装在厚玻璃门扇上下两端,并进行门扇高度的测量。如果门扇高度不足,即其上下边距门横框及地面的缝隙超过规定值,可在上下横档内加垫胶合板条进行调节。如果门扇高度超过安装尺寸,只能由专业玻璃工将门扇多余部分裁去。

3)固定上下横档

门扇高度确定后,即可固定上下横档,在玻璃板与金属横挡内的两侧空隙处,由两边同时插入小木条,轻敲稳实,然后在小木条、门扇玻璃及横档之间形成的缝隙中注入玻璃胶。

4）门扇固定

进行门扇定位安装。先将门框横梁上的定位销本身的调节螺钉调出横梁平面量 2mm，再将玻璃门扇竖起来，把门扇下横档内的转动销连接件的孔位对准地弹簧的转动销轴，并转动门扇将孔位套入销轴上。然后把门扇转动 90°使之与门框横梁成直角，把门扇上横档中的转动连接件的孔对准门框横梁上的定位销，将定位销插入孔内 15mm 左右（调动定位销上的调节螺钉）。

5）安装拉手

全玻璃门扇上的拉手孔洞一般是事先订购时就加工好的，拉手连接部分插入孔洞时不能很紧，应有松动。安装前在拉手插入玻璃的部分涂少许玻璃胶；如若插入过松，可在插入部分裹上软质胶带。拉手组装时，其根部与玻璃贴紧后再拧紧固定螺钉。

① 门框横梁上的固定玻璃的限位槽应宽窄一致，纵向顺直。一般限位相宽度大于玻璃厚度 2～4mm，抽深 10～20mm，以便安装玻璃板时顺利插入，在玻璃两边注入密封胶；把固定玻璃安装牢固。

② 在木底托上钉固定玻璃板的木条板时，应在距玻璃 4mm 的地方，以便饰面板能包住木板条的内侧，便于注入密封胶，确保外观大方，内在牢固。

③ 活动门扇没有门扇框，门扇的开闭是由地弹簧和门框上的定位销实现的，地弹簧和定位销是与扇的上下横档铰接。因此地弹簧与定位销和门扇横档一定要铰接好，并确保地弹簧转轴与定位销中心线在同一条垂线上，以便玻璃扇开关自如。

④ 玻璃门倒角时，应采取裁割玻璃时在加工厂内磨角与打孔。

【任务评价】

（1）主控项目

1）特种门的质量和各项性能应符合设计要求。

检验方法：检查生产许可证、产品合格证书和性能检测报告。

2）特种门的品种、类型、规格、尺寸、开启方向、安装位置及防腐处理应符合设计要求。

检验方法：观察；尺量检查；检查进场验收记录和隐蔽工程验收记录。

3）带有机械装置、自动装置或智能化装置的特种门，其机械装置、自动装置或智能化装置的功能应符合设计要求和有关标准的规定。

检验方法：启动机械装置、自动装置或智能化装置，观察。

4）特种门的安装必须牢固。预埋件的数量、位置、埋设方式、与框的连接方式必须符合设计要求。

检验方法：观察；手扳检查；检查隐蔽工程验收记录。

5）特种门的配件应齐全，位置应正确，安装应牢固，功能应满足使用要求和特种门的各项性能要求。

检验方法：观察；手扳检查；检查产品合格证书、性能检测报告和进场验收记录。

（2）一般项目

1）特种门的表面装饰应符合设计要求。

检验方法：观察。

2）特种门的表面应洁净、无划痕、碰伤。

检验方法：观察。

【任务练习】

1. 全玻璃门安装工艺流程如何？

2. 简述全玻璃门安装工程的施工方法。

任务 6.5　防火、防盗门安装施工

【学习目标】

1. 能够根据实际工程合理进行防火、防盗门安装工程施工准备。

2. 掌握防火、防盗门安装工程工艺流程。

3. 能正确使用检测工具对防火、防盗门安装工程施工质量进行检查验收。

4. 能够进行安全、文明施工。

【任务描述】

防火、防盗门安装施工工艺流程如下：

画线→立门框→安装门扇附件。

【相关知识】

（1）主体结构经有关质量部门验收合格，各工种之间已办好交接手续。

（2）检查门窗洞口尺寸及标高、开启方向是否符合设计要求。有预埋件的门窗口还应检查预埋件的数量、位置及埋设方法是否符合设计要求。

【任务准备】

（1）材料准备

防火门、防盗门的规格、型号应符合设计要求，经消防部门鉴定和批准的，五金配件配套齐全，并具有生产许可证、产品合格证和性能检测报告。

防腐材料、填缝材料、密封材料、水泥、砂、连接板等应符合设计要求和有关标准的规定。

防火门、防盗门码放前，要将存放处清理平整，垫好支撑物。如果门有编号，要根据编号码放好；码放时面板叠放高度不得超过 1.2m；门框码放高度不得超过 1.5m；要有防晒、防风及防雨措施。

（2）机具准备

电钻、电焊机、水准仪、电锤、活扳手、钳子、水平尺、线坠。

【任务实施】

（1）画线

按设计要求尺寸、标高和方向，画出门框框口位置线。

（2）立门框

先拆掉门框下部的固定板，凡框内高度比门扇的高度大于 30mm 的，洞口两侧地面须设留凹格。门框一般埋入±0.000 标高以下 20mm，须保证框口上下尺寸相同，允许误差小于 1.5mm，对角线允许误差小于 2mm。将门框用木楔临时固定在洞口内，经校正合格后，固定木楔，门框铁脚与预埋钢板焊牢。然后在框两上角开洞，向框内灌注 M10 素水泥浆。待其凝固后方可装配门扇。冬期施工应注意防寒，水泥素浆浇筑后的养护期为 21d。

（3）安装门扇附件

框周边缝隙用 1∶2 的水泥砂浆或强度不低于 10MPa 的细石混凝土嵌缝牢固，应保证与墙体结成整体，经养护凝固后，再粉刷洞口及墙体。

粉刷完毕后，安装门扇、五金配件及有关防火、防盗装置。门扇关闭后，门缝应均匀平整，开启自由轻便，不得有过紧、过松和反弹现象。

【任务评价】

（1）主控项目

1）防火、防盗门的质量和各项性能应符合设计要求。

检验方法：检查生产许可证、产品合格证书和性能检测报告。

2）防火、防盗门的品种、类型、规格、尺寸、开启方向、安装位置及防腐处理应符合设计要求。

检验方法：观察；尺量检查；检查进场验收记录和隐蔽工程验收记录。

3）带有机械装置、自动装置或智能化装置的防火、防盗门，其机械装置、自动装置或智能化装置的功能应符合设计要求和有关标准的规定。

检验方法：启动机械装置、自动装置或智能化装置，观察。

4）防火、防盗门的安装必须牢固。预埋件的数量、位置、埋设方式、与框的连接方式必须符合设计要求。

检验方法：观察；手扳检查；检查隐蔽工程验收记录。

5）防火、防盗门的配件应齐全，位置应正确，安装应牢固，功能应满足使用要求和特种门的各项性能要求。

检验方法：观察；手扳检查；检查产品合格证书、性能检测报告和进场验收记录。

（2）一般项目

1）防火、防盗门的表面装饰应符合设计要求。

检验方法：观察。

2）防火、防盗门的表面应洁净、无划痕、碰伤。

检验方法：观察。

【任务练习】

1. 防火、防盗门安装工艺流程如何？

2. 简述防火、防盗门安装工程的施工方法。

项目实训 门窗施工工艺

通过下列实训，充分理解门窗工程的材料、构造、施工工艺和验收方法。使自己在今后的设计和施工实践中能够更好地把握玻璃工程的材料、构造、施工、验收的主要技术关键。

1. 请选择一种门窗，根据该门窗的构造，画出门窗与墙面的交接构造。

2. 通过到门窗专卖店调研，选择一种自动玻璃门，并设计该自动玻璃门的施工工艺。

参 考 文 献

[1] 中华人民共和国住房和城乡建设部标准与定额司. GB 50210—2018 建筑装饰装修工程质量验收标准 ［S］. 北京：中国建筑工业出版社，2018.

[2] 中华人民共和国住房和城乡建设部标准与定额司. GB 50327—2001 住宅装饰装修工程施工规范 ［S］. 北京：中国建筑工业出版社，2001.

[3] 程志高. 建筑装饰施工技术（第 2 版）［M］. 北京：机械工业出版社，2015.

[4] 倪安葵. 建筑装饰装修施工手册 ［M］. 北京：中国建筑工业出版社，2017.

[5] 万治华. 建筑装饰装修构造与施工技术 ［M］. 北京：化学工业出版社，2010.

[6] 李继业. 建筑装饰装修工程施工技术手册 ［M］. 北京：化学工业出版社，2017.

[7] 何亚伯. 建筑装饰装修施工工艺标准手册 ［M］. 北京：中国建筑工业出版社，2010.

[8] 高海涛. 室内装饰工程施工工艺详解 ［M］. 北京：中国建筑工业出版社，2017.

[9] 孙晓红. 建筑装饰材料与施工工艺 ［M］. 北京：机械工业出版社，2013.

[10] 傅元宏. 室内装饰装修精细木工 ［M］. 北京：化学工业出版社，2015.

[11] 孔晓泊. 建筑装饰工程施工技术 ［M］. 北京：中国建筑工业出版社，2010.

[12] 杨丽君. 装饰装修工程施工 ［M］. 重庆：重庆大学出版社，2014.

[13] 张长友. 建筑装饰施工与管理 ［M］. 北京：中国建筑工业出版社，2009.

[14] 陆化来. 建筑装饰施工 ［M］. 北京：中国建筑工业出版社，2006.